云南木本观赏植物资源

（第一册）

总论·乔木

王继华　关文灵　李世峰◎主编

科学出版社
北京

内 容 简 介

《云南木本观赏植物资源》分为第一册和第二册，共收录云南木本观赏树种资源95科231属371种，彩色图片1000余幅。第一册包括总论和各论，其中总论部分在阐述云南自然环境特点和植被分布特点的基础上，对云南观赏树种资源进行观赏特性的评价分类。各论部分详细介绍乔木观赏树种资源，具体内容包括中文名、拉丁学名、别名、形态特征、分布、生境和习性、观赏特性及园林用途，同时匹配以精美彩色照片。为便于检索和使用，书后编写了本书所写树种的中文名与拉丁学名对照索引。

本书读者对象为园林绿化设计人员、园林管理工作者、苗木生产经营者、园艺工作者及植物爱好者等；也可作为风景园林、园林等本科专业学生的教学参考书，以及园林相关专业研究生课程“园林植物资源学”的配套教材。

图书在版编目(CIP)数据

云南木本观赏植物资源．第1册 / 王继华，关文灵，李世峰主编．—北京：科学出版社，2015.9

ISBN 978-7-03-045903-9

Ⅰ.①云…　Ⅱ.①王…②关…③李…　Ⅲ.①木本植物－植物资源－云南省Ⅳ.①S717.274

中国版本图书馆CIP数据核字（2015）第236324号

责任编辑：杨　岭　刘　琳 / 责任校对：贾娜娜

责任印制：余少力 / 封面设计：梨园排版

科学出版社出版

北京东黄城根北街16号

邮政编码：100717

http://www.sciencep.com

四川煤田地质制图印刷厂 印刷

科学出版社发行　各地新华书店经销

*

2016年3月第　一　版　开本：889×1194　1/16

2016年3月第一次印刷　印张：14

字数：350 000

定价：138.00元

（如有印装质量问题，我社负责调换）

编　委　会

前　言

木本观赏植物由于其体量较大、立体感强、多年生、管理粗放等特点，因此在城乡绿化和生态恢复中起着非常重要的作用，是植物造景的骨干材料。原产本土的观赏树种（乡土树种）具有浓厚的地方色彩，并具有适应能力和抗逆性强的特点，是城乡绿化的重要材料。云南地处中国西南边陲，其特殊的地理位置、复杂多样的地貌和气候环境，孕育了丰富的生物资源，它是中国-喜马拉雅植物区系、中国-日本植物区系和古热带印度-马来亚植物区系的交汇处，是我国植物区系和生物资源最丰富的省区，尽管其土地面积仅为全国陆地面积的4%，但却占有全国50%以上的物种多样性，其中种子植物就有14 000多种，木本植物约6500种（不含竹类），是名副其实的“植物王国”。据有关资料分析统计，在云南具较重要观赏价值的植物类群有110个科，约490属，2500～3000种，其中杜鹃属（*Rhododendron*）、山茶属（*Camellia*）、蔷薇属（*Rosa*）、木兰科（*Magnoliaceae*）、槭树科（*Aceraceae*）等类群是世界著名的重要木本观赏植物。云南虽有独具特色的丰富的观赏树种资源，但乡土苗木开发起步晚，开发的种类仅是浩瀚野生资源中的极少部分，远不能满足城乡绿化建设的需求，尚有大量优良的野生观赏树种资源“藏在深山人未识”，未得到有效开发利用。然而，随着生态环境的破坏和非法采集，许多观赏树种资源已经或正在遭到严重破坏，其生存现状不容乐观，有些种类已濒临灭绝。

为进一步了解云南观赏树种资源现状，本课题组近十年来跑遍云南的山山水水，对云南的观赏植物资源进行了深入调查，并参考相关资料对云南观赏树种资源进行归纳整理，对其观赏性状进行评价。这对于进一步保护和开发云南的乡土树种资源、丰富云南园林绿化树种多样性具有重要指导意义。经后期整理，本书收录云南木本观赏树种资源共95科231属371种，彩色图片1000余幅。本书内容包括总论和各论两部分，其中总论部分在阐述云南自然环境特点和植被分布特点的基础上，对云南观赏树种资源进行观赏特性的评价分类。各论部分详细介绍371种观赏树种资源，具体内容包括中文名、拉丁学名、别名、形态特征、分布、生境和习性、观赏特性及园林用途，同时配以自主拍摄的精美彩色照片。为便于检索和使用，书后附有所写树种的中文名与拉丁学名对照索引。从书前期分 2 册出版，第一册包括总论和乔木观赏树种的介绍；第二册包括灌木和藤木观赏树种的介绍。

本书各科的排列，裸子植物部分按郑万钧教授的分类系统排列，被子植物部分按克朗奎斯特（A. Cranguist）新分类系统（1998）排列。本书植物名称的确定、形态和分布的描述参考了《中国植物志》、《云南植物志》等学术专著。

本书图片大多数为编者自行拍摄，少数图片由友人提供。在野外资源调查照片拍摄过程中得到了云南格桑花卉有限责任公司的熊灿坤总经理和贵州省盘县电视台的邓强先生等友人的协助，在此对他们表示深切的谢意。

尽管在本书编写过程中编者已尽最大努力，但限于现有资料和编者学术水平及写作水平不足，遗漏及不当之处在所难免，敬请读者批评指正并提出宝贵意见，以便今后修正、完善、提高。

编　者

2015 年 8 月

目　录

总 论

云南木本观赏植物资源

The Germplasm Resources of Woody Ornamental Plants in Yunnan， China

第一章

云南的自然地理环境特点

云南地处中国西南边陲，位于北纬 21°9′ ～ 29°15′ 和东经 97°31′ ～ 106°12′，从东到西最大宽度为 864.9km，南北最长纵距为 990km。全省总面积为 39.4 万 km^2，占全国陆地总面积的 4.1%，居全国第八位。北部与四川省、东部与贵州省、东南部与广西壮族自治区相邻，西北隅与西藏自治区相接，从西部到南部分别与缅甸、老挝和越南接壤。

1.1 地理地貌特征

云南是一个高原山区省份，全省土地面积 84% 是山地。总体而言是西北部高，东南部低，地势从西北向东南呈阶梯状逐渐下降。滇西北一带是地势最高的一级梯层，海拔 3000m 以上（图 1-1 和图 1-2）；第二梯层是以滇中高原为主，海拔 2300 ～ 2600m（图 1-3）；南部、东南部和西南部，主要为海拔 1200 ～ 1400m 的低山（图 1-4）；盆地河谷海拔在 1000m 以下，这是最低一级梯层。最高处是滇西北海拔 6740m 的怒山山脉主峰卡格博峰，终年白雪皑皑；最低端的是滇南与越南交界的河口县元江出境处，海拔仅 76.4m，常年阳光明媚、青翠苍郁，两地直线距离约 900km，海拔高差竟达 6663.6m。

在各梯层中，地貌形态均十分复杂。在高原面上不仅有丘状高原面、分割高原面及大小不等的山间盆地，而且还出现巍然耸立的巨大山体，以及深陷于高原面以下的河谷。高原面这种分割层次又同从北到南的 3 级梯层纵横交织，使云南的地貌变得更加错综复杂。但从云南地貌形态组合区域性来看，以元江河谷为界，东侧为云贵高原西部，即云南高原；西侧属青藏高原南延部分（又称滇西纵谷，滇西横断山脉），这两部分构成了云南地貌的基本格局。东侧的滇东高原区，位于点苍山、哀牢山一线以东，地貌主要呈中低山丘陵形态，古夷平面痕迹明显。普渡河以东，东川、宣威以北地区为川西山地、滇东北的高原与四川盆地之间的接合和过渡地带，地貌复杂，高山较多，昭

图 1-1　滇西北的高山峡谷地貌（梅里雪山）

图 1-2　滇西北的高山峡谷地貌（金沙江河谷）

图 1-3　滇中高原地貌

图 1-4　滇东南低山丘陵地貌

通以北地势向东北渐降，与四川盆地西南缘相连。这一地区往滇东和滇东北，地貌主要为丘陵状高原，地势起伏缓和，山间盆地较多，高山深谷很少。在这一区内昆明 - 河口铁路线以东，为石灰岩岩溶高原，广泛分布的石灰岩地层，造就了林立的奇石、多姿的峰林、奇特的溶洞、壮观的叠水瀑布，其偏南部高原面地势较低，且较为破碎，有峰丛、坡立谷等发育；而昆明 - 河口 - 线以西，则为断陷湖盆高原，再往西为紫红色地层广布的红色丘陵状高原。云南西侧为青藏高原向南延伸部分，地势西北高东南低。高黎贡山、怒山、云岭山脉，以及怒江、澜沧江、金沙江，构成了高大山体和深切的河谷相间排列的高山峡谷地貌，垂直高差大，山峦重叠、谷壁陡峻、高山狭谷、巍峨险峻，高山顶上奇特的山岳冰川地貌明显，从而形成了世界闻名的地貌，著名的世界遗产地——三江并流区，就在这里。这一范围大致为滇西的下关、保山以北，丽江、下关以西的地区。随着横断山的余脉南伸，往南和东南，地势显著下降，展开而成帚状山系，山体起伏和坡度逐渐缓和，山地以山原形态为主，高峰已不多见，河谷也渐宽敞，中山宽谷和中山盆地地貌类型成了下关、保山一线以南，红河谷地以西广大地区的主要地貌特征。

1.2 气候资源

云南处于亚洲 3 个著名自然气候区域之间的结合部位，即南亚季风热带区域、东亚季风亚热带区域和西藏高原区域。其中云南的绝大部分地区，都处于南亚季风（或称我国西部型季风）的影响范围内。因此，云南具有明显的季风气候，即冬季盛行干燥的大陆季风，夏季盛行湿润的海洋季风。由于受北高南低的地势和错综复杂的地貌形态的影响，云南的气候形成独特的高原季风气候。其特点主要表现在年温差小，日温差大，冬季比较温暖，年雨量集中，季节分配不均，干湿季明显。

云南幅员广大，又是一个多山省份，地形极其复杂，导致气候从南至北、从东到西都有明显的差异，如从南到北，随纬度增高，地势也迅速增高，气温递降。湿润程度也是南部较北部为高。这些地带性的递次变化，明显地反映了云南的自然地理环境和自然资源状况的地域分异。而从东到西，湿润状况也有明显的差异，其大致的趋势为西部的年降水量较多，雨季开始较早，湿润程度较高；中部年降水量较少，雨季开始较迟，湿润程度稍次；往东年降水又增加，雨季来临较早，湿润程度也有所增高。由于地形的影响，形成在暖湿气流迎风坡向多雨，背风坡向少雨，差异显著。除了南北、东西差异外，在云南因山地海拔高低引起的差异，正如俗话所说：“一山有四季，十里不同天”、“山高一丈，大不一样”，立体气候突出，即从山脚到山顶，气温递降，雨量和大气湿度增加，所以在较高的山地常具有垂直地带性的景观。另外，云南纬度较低，气候较为湿润，地貌上又是一个多层次的切割高原，加上有利的山脉和河谷走向的配合，因此，不仅垂直差异突出，而且地区性差异明显。如深嵌于高原内部的河谷之内，气温高、降水少，形成独特的干热河谷的自然景观，资源沿低谷伸入分布，滇西北横断山区、山地的自然资源特点，与西藏高原东南部颇多相似之处；云南东北部的一些低谷内部则具有我国东部亚热带的自然景观和资源特点；在滇中南、滇南山地又有其自身独特的热带、南亚热带的自然景观和资源特点。因此，云南的气候条件具有明显的区域性特点，从东南低海拔地区到高海拔的西北部，依次呈现了北热带、南亚热带、中亚热带气候，垂直带上还呈现温带和寒温带性质等不同的自然景观。

1.3 土壤特点

云南的地理位置和复杂的地形地貌，立体的生物气候和多种多样的植被类型，均直接或间接影响土壤的形成和发展，故土壤也随上述自然环境因素的变化而相应变化。云南的红壤系列包括云南的热带和亚热带广泛分布的各种红色和黄色的酸性土壤，从南到北，土壤的淋溶作用由强至弱，富铝化过程也由强到弱，土壤也和植被一样有明显的地带性分布特点，顺序依次是砖红壤带、赤红壤带、山地红壤带、棕壤带、暗棕壤带、高山草甸土带等。这一完整的自然土壤带谱，是云南立体自然景观的又一特征。

1.4 植被概况

由于云南是一个地势北高南低的多层性山原，每一级“阶梯层”均占有一定的经度范围，形成东西延伸的带状，自然向北更替上升。而各地的地形变化，引起小气候的差异明显，因此，具备多种类型的生态环境，孕育着丰富的动植物资源，由它们构成的植被类型，组合也是多种多样的，从南到北的升高，顺序出现北热带的热带雨林、季雨林带；南亚热带的季风常绿阔叶林、思茅松林带；中亚热带的常绿阔叶林、云南松林带；其上是温性针叶与落叶阔叶林带、寒温性针叶林带、灌丛草甸和高山苔原带、雪山冰漠带。另外西部的横断山脉，西南和东南部，分别受西南季风和东南季风影响明显，因而水分和热量自西南、东南向山原中部逐步递减，从而生物气候的相性更替规律比较明显，随着离海洋由近到远，植被由热带雨林、季雨林过渡为偏干性常绿阔叶林等。

第二章

云南的植被

2.1 云南植物区系

2.1.1 云南植物区系的基本特点

2.1.1.1 植物物种异常丰富，为全国之冠

云南地处亚热带和热带的多山地区。境内海拔高差大、气候悬殊。南部和西部有漫长的边界与东南亚诸国连接，印、缅、泰、越等地区热带植物区系成分向北延伸，并顺山脉和河谷向云南深入。西北部与青藏高原的东南边缘相接，横断山脉有着构成丰富而独特的植物区系的自然条件。而东部又和我国华中、华南的区系成分交错过渡、相互代替，也是造成物种丰富的一个因素。加上地史上云南大部分地区未受山岳冰川的直接侵袭，特别是滇东南、滇南、滇西南的山地，不但是古老植物的避难所，而且在近代的复杂生境下也出现了一系列的演化和繁衍，更增添了云南植物区系的丰富程度。云南是东亚植物区系与喜马拉雅植物区系的交汇地区，又为泛北极植物区系与古热带植物区系的交错地带，是世界上罕见的多种植物区系的荟萃之地，汇集了十分丰富的植物种类，形成了十分丰富的物种多样性，在全国约 31 000 高等植物中（不含苔藓植物），云南就拥有 16 000 余种，占全国高等种类总数的 50%，是全国植物种类最多的省份，是世界生物多样性重要地区之一，故云南素有“植物王国”、“药材宝库”、“竹类分布中心”等美称。

2.1.1.2 起源古老，孑遗植物多

云南有悠久的地质历史。在地史演变中，起源古老的植物在改变了的新环境中产生了新的适应、分化和繁衍，形成了现今极为丰富多彩和奇妙复杂的植物区系组合状况。

在维管束植物中，古老的植物首推蕨类。而云南的蕨类植物占全国的一半，其中古老原始的

属不乏其数，如珍稀观赏树种笔筒树（*Sphaeropteris*）（图 2-1）、黑桫椤（*Alsophila*）等产自侏罗纪时期。裸子植物中的松科中的松（*Pinus*）、冷杉（*Abies*）、云杉（*Picea*）、铁杉（*Tsuga*）、油杉（*Keteleeria*）、落叶松（*Larix*）等属的许多种类，都是起源古老且在云南植被中占有重要地位、分布面积广阔的优势成分。现代多数分类学系统所认为最原始的被子植物木兰科，在新生代极为繁盛，至冰期后才大为减少，而在云南仍保留了许多古老种类，例如，著名的第三纪孑遗植物鹅掌楸（*Liriodendron chinense*），仍在滇东南和滇东北的一些原始森林中存在。起源古老的还有八角科（Illiciaceae）、五味子科（Schisandraceae）、樟科（Lauraceae）、金缕梅科（Hamamelidaceae）、山茶科（Theaceae）等类群，这些类群在云南都有众多的种类，并在植被组成中起着重要作用。

图 2-1　原始的珍稀观赏树种笔筒树

2.1.1.3　地区特有属和特有种多

地史的变迁引起了植物种系的分化和繁衍，云南多山地区复杂多样的自然环境条件，孕育了大量的特有属和特有种。据统计，我国种子植物中特有属有 204 个，而云南就有 108 个，占 52.9%。云南的特有种（包括以云南为分布中心，部分扩展到川、黔、桂的种类）就更多，在 1000 种以上，占总数的 10% 或更多。例如，樟科（Lauraceae）植物，云南共有 196 种，其中特有种就有 75

种，占 38.3%，是特有种较多的一个科；壳斗科（Fagaceae）植物，云南共有 150 种左右，特有种就有 51 种，占 34%；金缕梅科（Hamamelidaceae），云南共有 33 种，特有种 13 种，占 39.4%。滇西北横断山区的特有种是最多的，其次，干热河谷地区、滇东南的石灰岩地区和迎东南季风的热带山地，特有种也非常丰富。如中甸刺玫（*Rosa praelucens*）（图 2-2）、滇榄仁（*Terminalia franchettii*）、显脉紫金牛（*Ardisia alutacea*）、粗梗紫金牛（*Ardisia crassipes*）等均为云南特有种。

图 2-2　云南特有植物中甸刺玫

2.1.1.4　地理成分复杂，联系面广

云南植物区系的地理成分是十分复杂的。这是由于云南的植物区系既受地史因素的控制，也受近代极其多样的自然环境条件的强烈影响。在漫长的植物演变的历史过程中，不仅左邻右舍地区的植物区系与云南植物区系发生各种途径的交流，而且还与世界各地的有关区系发生地理上的联系，而且联系的面是很广的。

从云南植物区系中植物种一级的地理成分来看，在滇中高原以北包括滇西北和滇东北，是以中国 - 喜马拉雅成分为主，并富含地区特有种（包括以云南为中心扩展至川、黔、藏者）。滇南则以热带亚洲成分，特别是以印、缅、泰成分为主。而滇东南有众多与中南半岛（特别是越南北部）共有的成分。总之，温带成分以喜马拉雅东部的横断山区为起源中心，热带成分起源于东南亚，二者在云南境内奇妙地结合在一起，构成错综复杂的植物区系现状。

2.1.2 云南植物区系分区

云南的植物区系可粗略地划分为5个小区，即滇南、滇西南小区；滇东南小区；滇中高原小区；滇西、滇西北横断山脉小区；滇东北小区。

2.1.2.1 滇南、滇西南小区

本小区包括哀牢山以西的西双版纳和德宏、临沧地区，处于我国境内澜沧江、怒江和独龙江支流的下游。植物区系和邻近的缅甸、老挝、泰国北部比较一致。该区的河谷盆地的低海拔之处，以热带东南成分为主体，还有其他各种热带成分。成分比较古老，有较多印、缅、泰共有的成分。而且有许多种是各类热带植被的重要组成成分。例如，无患子科的番龙眼（*Pometia pinnata*）、荔枝（*Litchi chinensis*）；楝科的麻楝（*Chukrasia tabularis*）；夹竹桃科的鸡骨常山（*Alstonia yunnanensis*）；苏木科的无忧花（*Saraca dives*）；藤黄科的铁力木（*Mesua ferrea*）等。

2.1.2.2 滇东南小区

本小区位于红河和哀牢山以东的南缘地带，诸如金平、屏边、马关、麻栗坡、西畴、富宁一线。这一带的植物区系组成，与邻近的广西西南部和越南北部有着密切的联系。这里是木兰科（Magnoliaceae）这一原始类群的分布中心，几乎各属齐全，特别是鹅掌楸（*Liriodendron chinense*）、长蕊木兰（*Alcimandra cathcartii*）、观光木（*Tsoongiodendron odorum*）等种类，而木莲属（*Manglietia*）和含笑属（*Michelia*）的许多种类为当地植被的主要成分之一。

2.1.2.3 滇中高原小区

本小区属泛北极区、中国-喜马拉雅植物亚区，地处滇中高原的中部、北部和东部。楚雄、曲靖、昆明等州市是其中心。本小区组成植被优势的区系成分与华东、华中一带的中国-日本植物区系相比，有一系列的地理替代现象。不仅低海拔的喜暖的常绿类、松柏类和其他常绿或落叶树种如此，即使高海拔的铁杉（*Tsuga*）、冷杉（*Abies*）等也与华中一带的高山有替代现象。例如，云南松（*Pinus yunnanensis*）代替了马尾松（*Pinus massoniana*），云南油杉（*Keteleeria evelyniana*）代替了铁坚杉（*Keteleeria davidiana*），滇青冈（*Cyc1oialanopsi sglaucoides*）代替了青岗栎（*Cyclobalanopsis glauca*），高山栲（*Castanopsis delavayi*）代替了苦槠（*Castanopsis sclerophylla*），黄毛青冈（*Cyclobalanopsis delavayi*）代替了赤皮青冈（*Cyclobalanopsis gilva*），旱冬瓜（*Alnus nepalensis*）代替了桤木（*Alnus cremastogyne*）等。

2.1.2.4 滇西、滇西北横断山脉小区

本小区高山峡谷地貌特别发达，峡谷1600～2000m，而高山在5000m以上。从峡谷到高山相继出现了热带、亚热带、温带、寒带等特殊的山地垂直带气候及相应的植被类型。这里高海拔地区植物种类特别丰富，特有种多，像丽江的玉龙雪山和中甸的哈巴雪山，都蕴藏着大量的高山、亚高山植物，素有“世界花园之母”之称，驰名中外。它是杜鹃（*Rhododendron*）、报春（*Primula*）、龙胆（*Gentiana*）等名花的分布中心和分化中心。欧亚高山的科属应有尽有，而中国-喜马拉雅成分更是丰富复杂，并形成许多特有属，如毛茛科的铁破锣属（*Beesia*）、黄三七属（*Souliea*）；伞

形科的丝瓣芹（*Acronema tenerum*）；龙胆科的大钟花（*Megacodon stylophorus*）；唇形科的滇黄芩（*Scutellaria amoena*）；报春花科的独花报春（*Omphalogramma vinciflora*）；百合科的豹子花（*Nomocharis pardanthina*）等。

2.1.2.5 滇东北小区

本小区只占云南东北一角，属四川盆地的南缘山地，故自大关、彝良一线以北的绥江、盐津、威信等地与广大的滇中高原和横断山区的植物区系，有着明显的不同。它是属于中国 - 日本植物亚区的华中区系的一个部分，还包括华西成分。本小区的植物区系与云南的大部分地区迥然有异。木本落叶成分常在一定生境下的森林中占有重要的地位，常常出现我国东部地区所特有的常绿阔叶 - 落叶阔叶的混交林。

2.2 云南植被类型及其分布

2.2.1 云南植被类型

云南的气候因素与地势因素相互影响、相辅相成、共同作用，再加之特殊的地质历史和地理位置，使得云南的植被具有种类多、变化快、分布广的特点。全省的植被共可分为 12 个植被型、34 个植被亚型、169 个群系和 209 个群丛。12 个植被型分别是雨林、季雨林、常绿阔叶林、硬叶常绿阔叶林、落叶阔叶林、暖性针叶林、温性针叶林、竹林、稀树灌木草丛、灌丛、草甸、湖泊水生植被。

2.2.2 云南植被分布

云南总的地势是“北高南低”，纬度加上海拔的共同作用，从北至南形成的气候带从暖温带变化到热带，从而形成了相应的植被带。但云南地势从北到南并非顺势而下，中间山地相间、连绵起伏。因此，往往会产生纬度高、海拔低的地区与纬度低、海拔高的地方具有同类植被的现象。例如，位于昆明与金平之间的开远，北纬 23°50′，位于回归线以北，由于海拔低、降水少、有焚风作用，开远的植被在物种上与西双版纳相近，有鸡蛋花（*Plumeria rubra*）、鱼尾葵（*Caryota ochlandra*）、凤凰木（*Delonix regia*）、南洋杉（*Araucaria cunninghamii*）、印度橡胶（*Ficus elastica*）等热带植物。且由于云南多山地，植被除了具有水平变化外，还有垂直变化。云南有热带的橡胶树（*Hevea brasiliensis*），亚热带的竹林，温带的松树（*Pinus*）、草甸，还有寒带的苔原，而形成这一景观的基本因素是：云南热带季风的气候条件和多山的高原地貌。云南植被的地理分布主要包括两个方面：植被的水平分布和植被的垂直分布。

2.2.2.1 云南植被的水平分布

由于气候条件——主要是热量和水分以及二者的配合状况，太阳辐射从南到北具有规律差异，形成了不同的气候带，植被沿纬度方向有规律地更替，这就是植被分布的纬度地带性。同时，植被因水分状况大体按经度方向成带状的依次更替，即为植被分布的经度地带性。它和纬度地带性统称为水平地带性。在云南，植被的经度地带性表现的较少，植被的水平地带性主要表现在纬度上。

云南植被的水平地带包括：热带雨林、季雨林地带（北纬23°30′以南，盆地海拔900m以下。至滇西南至北纬25°，盆地海拔960m）；亚热带南部季风常绿阔叶林地带（北纬23°30′～25°以北，盆地海拔1200～1400m），相当于我国东部的南亚热带季风常绿阔叶林地带；亚热带北部半湿润常绿阔叶林带（以滇中高原为主体，盆地海拔1600～1900m）相当于我国东部中亚热带常绿阔叶林地带。

从高纬度到低纬度几个具有代表性的纬度带分别是：①丽江属于暖温带，它的植被主要是云南松林。在滇西北地区植被主要是云南松林及一些高山松。②大理在昆明的西面，属于北亚热带，以云南松为主却没有高山松。③昆明也属于北亚热带。这里的松林是云南松林和华山松林，这些松林与常绿阔叶林的主要树种混生，形成"松栎混交林"。④路南属于中亚热带，灌木增多，出现了云南松与灌丛的混交林。⑤开远由于海拔低、降水少，且有焚风作用，出现了热带植物，有凤凰木（*Delonix regia*）、南洋杉（*Araucaria cunninghamii*）等。⑥个旧属于南亚热带，从个旧向南，群山迭起，山上的植被浓密，出现了大片的竹林。林下有灌木层和草本层。⑦勐腊属于热带，有不少热带植物，如望天树（*Parashorea chinensis*）、四数木（*Tetrameles nudiflora*）等。

2.2.2.2 云南植被的垂直分布

云南植被的垂直分布可大致分为亚热带山地植被垂直带和热带山地植被垂直带。①亚热带山地植被垂直带。由海拔最低开始，植被垂直带的顺序是：半湿润常绿阔叶林（1900～2500m）—湿性常绿阔叶林（2500～2900m）—云南铁杉林及常绿针阔叶混交林（2900～3200m）—云杉、冷杉林（3200～4100m）—高山灌丛和高山草甸（4000～4700m）。②热带山地植被垂直带。以位于滇东南（即湿润雨林分布地区）潮湿的热带山地植被垂直系列——金平县的分水岭自然保护区为例，由海拔最低开始，植被垂直带的顺序是：热带湿润雨林（海拔300～500m以下）—热带季节雨林（300～700m）—山地雨林（700～1300m）—山地季风常绿阔叶林（1300～1750m）—苔藓常绿阔叶林（1750～2700m）—山顶苔藓矮林（2700～2900m）。这一垂直系列的植被分布在高大的山体迎季风坡面及山前地区，地形雨极为丰富，气候潮湿，因而，垂直带上主要植被类型都表现为明显的潮湿的特征。

随着海拔升高，依次出现不同的植被带，它们在结构、外貌上均出现差异，并与整个环境条件相关。云南山地连绵起伏，由南而北，随着纬度与盆地海拔的上升，山地的高度也相应增高。超过海拔5000m的高山集中于滇西北一角，其他大部分地区都为不超过3200m的中山。在山地一定高度范围内，都有标志山地垂直带的主要植被类型。

云南亚热带常绿阔叶林区域西部（半湿润）常绿阔叶林亚区域的植被垂直分布特点如下。

植被区域	亚热带常绿阔叶林区域西部（半湿润）常绿阔叶林亚区域	
植被地带	高原亚热带北部半湿润常绿阔叶林地带	高原亚热带南部季风常绿阔叶林地带
植被垂直分布特点	4000～4700m，高山灌丛和高山草甸有高山松林、落叶松林及硬叶常绿栎类林交错分布 3100～4200m，云杉、冷杉林 2700～3000m，云南铁杉常绿针阔叶混交林 2400～2900m，中山湿性常绿阔叶林 1600～2500m，半湿润常绿阔叶林和云南松林 <1300m，干热河谷稀树灌丛草甸	>3000m，冷杉林 2800～3000m，苔藓常绿矮林 2300～2900m，云南铁杉，常绿针阔叶混交林 1600～2500m，山地湿性常绿阔叶林 1000～1700m，刺栲、木荷林，思茅松林 <1100m，干热河谷落叶季雨林和稀树灌丛草地

第三章

云南的木本观赏植物资源

3.1 云南木本观赏植物资源的特点

3.1.1 物种的多样性

云南是观赏植物资源宝库，野生观赏植物种类极为丰富，据不同的统计资料显示其有2500～3000种以上，随着人们对观赏植物的欣赏水平和认识各有不同，以及新物种的不断被发现，此数字自然会有所出入。云南的木本观赏植物资源也十分丰富，全省分布有野生木本植物约153科914属6547种（不含竹类），虽然目前尚无野生木本观赏植物种类的确切统计数据，但从一些重要的科属的种类可看出云南木本观赏植物的丰富性，如杜鹃属（*Rhododendron*）全世界有约900种，中国有530种，云南有250种；蔷薇属（*Rosa*）全世界约200种，我国有95种，云南有41种，占国产种类的54%；荚蒾属（*Viburnum*）约200种，我国约有80种，云南有43种、1亚种、10变种和1变型，超过国产种类的50%。另外，木兰科（Magnoliaceae）、山茶科（Theaceae）、槭树科（Aceraceae）等大科的观赏种类在50种以上。

3.1.2 生境和生态类型的多样性

云南有着极其复杂的地貌结构和气候条件，拥有寒、温、热不同的气候带，造就了不同的生境，其生物地理景观相当于从海南岛到长白山的缩影。此种复杂多样的环境孕育了极其丰富的物种，除没有盐碱地和沙漠地区的沙生植物外，中国从南到北各种气候带的植物种类均有，此种情况在国内外均属罕见。在高山寒冷的气候条件下，形成了众多的树姿美观而耐寒的针叶类乔木树种，如冷杉（*Abies*）、云杉（*Picea*）、圆柏（*Sabina*）等，它们具有枝条浓密、塔形树姿且常年葱绿不惧严寒等特点，在园林造景中深受人们的喜爱。在热带和南亚热带的雨林、季雨林中，孕育了喜湿热的榕树（*Ficus microcarpa*）、董棕（*Caryota urens*）、无忧花（*Saraca dives*）等热带观赏树种。在亚热带常绿阔叶林中，则可找到香樟（*Cinnamomum camphora*）、红花木莲（*Manglietia insignis*）、山茶（*Camellia* spp.）等观赏树种。在开发观赏植物资源时，可以从云南这块大地上找到能适于不同气候环境、不同生境的植物类型。

3.1.3 生活型的多样性

从生活型来看，云南的木本观赏植物多姿多彩、应有尽有。既有雄伟高大、形态优美奇特的高大乔木，也有花期繁花似锦、色彩缤纷的灌木，也不乏攀援附生于岩石、悬崖及树干上的藤本植物，可以满足植物造景的多种需要。

3.1.4 观赏特性多样

在浩瀚的木本观赏植物资源中，其观赏特性是十分丰富的，包括观树形、观花、观果、观叶、观枝干等不同类型。例如，观树形的树种有冷杉属（*Abies*）、云杉属（*Picea*）、苏铁属（*Cycas*）、棕榈（*Trachycarpus fortunei*）等；观花的树种有樱属（*Cerasus*）、蔷薇属（*Rosa*）、木兰属（*Magnolia*）、杜鹃属（*Rhododendron*）等；观果的树种有小檗属（*Berberis*）、花楸属（*Sorbus*）、山楂属（*Crataegus*）、卫矛属（*Euonymus*）、石楠属（*Photinia*）等；观叶的树种有槭属（*Acer*）、漆属（*Toxicodendron*）、枫香（*Liquidambar formosana*）、滇朴（*Celtis tetrandra*）、鹅掌柴属（*Schefflera*）等；观枝干的树种有佛肚竹（*Bambusa ventricosa*）、小琴丝竹（*Bambusa multiplex*）、紫薇（*Lagerstroemia indica*）、梧桐（*Firmiana platanifolia*）等。也有不少植物种类具有复合的观赏特性。例如，小檗属（*Berberis*）大多具有美丽的花、叶、果，综合观赏性好；石楠属（*Photinia*）可观形、观果、观叶；冬樱花（*Prunus cerasoides*）可观花、观果、观新叶。

3.2 云南木本观赏植物资源的分布

云南木本观赏植物资源的分布与整个云南植物区系地理分布基本是一致的，全省范围均有分布。本节遵循森林分布地带规律性的原则，以及森林自然环境条件相近似的原则，将全省木本观赏植物资源分布区分为以下5个区域。

3.2.1 滇南低山盆地、滇西南中山热带北缘森林区

该区范围包括麻栗坡、马关、屏边、绿春、江城、澜沧、沧源、镇康、潞西、盈江及其以南的地段。地处云南南部边缘一线，与越南、老挝、缅甸交界。

本区气候主要受西南季风和东南季风控制，为冷热变化不显著的地区，夏热多雨，冬暖干旱，但干季雾日多，弥补了降水不足，以至本区常年高温高湿，属北热带气候类型。

由于这里的水热状况在一年中绝大部分均处于平衡状态，又有深厚、黏重、保水性能良好的土壤条件，因而这里孕育着具有浓厚的东南亚和印缅热带雨林、季雨林色彩的森林植被类型。这里孕育了大量的常绿观赏树种，如红木荷（*Schima wallichii*）、滇楠（*Phoebe manmu*）、云南娑罗双（*Shorea assamica*）、高榕（*Ficus aftfssima*）、木瓜榕（*Ficus auriculata*）、铁力木（*Mesua ferrea*）（图3-1）、露兜树（*Pandanus tectorius*）、白花羊蹄甲（*Bauhinia acuminate*）、云南羊蹄甲（*Bauhinia yunnanensis*）、大花紫薇（*Lagerstroemia speciosa*）、无忧花（*Saraca dives*）（图3-2）等。

图 3-1　铁力木

图 3-2　无忧花

3.2.2　滇中南、滇东南南亚热带森林区

本区范围大体为罗平、师宗、华宁、新平、景东、凤庆、保山、泸水一线以南地区。海拔1200 ～ 1400m，为中低山地形。本区以元江为界，以东为石灰岩地区，喀斯特地貌较发育，以岩溶山原地貌为主；元江以西为无量山、怒山、高黎贡山伸延支脉，多为中山宽谷与盆地相间的地貌类型。气候冬暖夏热，热量条件较好，雨量也较充沛，属南亚热带气候类型。在这种气候条件下，主要分布着常绿阔叶林（图 3-3）和松类林，常见观赏树种有木荷属（*Schima*）（图 3-4）、润楠属（*Machflus*）、红花荷（*Rhodoleia parvipetala*）、青榨槭（*Acer davidii*）、木兰属（*Magnolia*）、木莲属（*Manglietia*）（图 3-5）、含笑属（*Michelia*）、云南拟单性木兰（*Parakmeria yunnanensis*）（图 3-6）、观光木（*Tsoongiodendron odorum*）、华盖木（*Manglietiastrum sinicum*）、云南铁杉（*Tsuga dumosa*）、华山松（*Pinus armandii*）、肋果茶（*Sladenia celastrifolia*）、马蹄荷（*Symingtonia populnea*）等。

3.2.3　滇中高原、滇西横断山中亚热带森林区

本区位于云南省中部、东部。东与贵州接壤；西至中缅边界；东北角至昭通；北隔金沙江与四川相望；西北角以华坪、永胜、鹤庆、剑川、兰坪、六库为界；南至罗平、师宗、华宁、新平、景东、凤庆以至盈江北部以北大部地区。

图 3-3　滇中南的常绿阔叶林景观

图 3-4　银木荷

图 3-5　马关木莲

本区气候主要受西南季风影响，具有季风高原气候特点，干湿季十分明显，雨季暖湿，干季暖燥，冬无严寒，夏无酷暑，四季如春。其热量和降雨都较丰富，属中亚热带气候类型。但由于地处高原面上，受地形地势变化的影响，区内气候的垂直变化较明显，如金沙江河谷及其支流两岸属南亚热带气候，中部山间盆地为中亚热带气候，3000m 以上的山地则属温带性质的气候类型。常见观赏树种有山茶属（*Camellia*）、杜鹃属（*Rhododendron*，中低海拔的种类）（图 3-7 ～图 3-9），滇青冈（*Cyc1oialanopsi sglaucoides*）、黄毛青冈（*Cyclobalanopsis delavayi*）、厚皮香（*Ternstroemia gymnanthera*）、山梅花属（*Philadelphus*）、溲疏属（*Deutzia*）（图 3-10）、荚蒾属（*Viburnum*）、蜡瓣花（*Corylopsis sinensis*）等。

图 3-6　滇东南的云南拟单性木兰群落

3.2.4　滇西北亚高山森林区

本区位于云南西北部。西部与缅甸接壤；东部、北部与四川、西藏相连；南以华坪、永胜、丽江、维西、兰坪、泸水一线为界。因受地形的支配和海拔高度的影响，气候水平分布复杂，而垂直分带甚为明显，具有典型的立体气候特点。例如，三江河谷气候炎热，终年无霜，高原盆地气候温和无夏季；山地则冬季严寒，春夏温凉，霜期较长，高山上部可终年积雪。

在这些林分中蕴藏着许多珍稀的观赏树种，针叶树种居多（图 3-11）。例如，贡山木莲（*Magnolia campdbellii*）、珙桐（*Davidia involucrala*）（图 3-12）、秃杉（*Taiwania flousiana*）、怒江落叶松（*Earix speciosa*）、乔松（*Pinus griffthii*）、黄杉（*Pseudotsuga sinensis*）、怒江冷杉（*Abies nukingensis*）、长苞冷杉（*Abies georgei*）、丽江云杉（*Picea likiangensis*）、水柏枝（*Myricaria bracteata*）、花楸属（*Sorbus*）（图 3-13）、中甸刺玫（*Rosa praelucens*）、中甸山楂（*Crataegus chungtienensis*）、橙黄瑞香（*Daphneauranthiaca*）等。

图 3-7　大理苍山的马缨花群落

图 3-8　马缨花

图 3-9　滇中高原的碎米花杜鹃群落

图 3-10　紫花溲疏（A）

图 3-11　紫花溲疏（B）

图 3-12　滇西北亚高山针叶林景观

图 3-13　珙桐

图 3-14　西南花楸

图 3-15　川滇花楸

3.2.5　滇东北中亚热带森林区

本区位于云南东北角。东南、东北与贵州、四川接壤；西及西北与四川隔江相望，西南部至昭通。这一地带是云南高原和贵州高原的过渡地带，也是云南高原与四川盆地的衔接部位。

本区属我国亚热带东部（东亚季风亚热带）内的中亚热带的一部分，其气候仍属亚热带高原季风气候类型，但受地形地势的影响很大。从其整个气候来看，年雨量虽不大，却分配均匀，湿度大，四季分明，常遭寒潮侵袭。这里分布着大量耐寒喜湿的观赏树种，如白石栎（*Litnocavpus cleistocarpus*）、细叶青冈（*Cycloba gracilis*）、圆齿木荷（*Schima crenata*）、五裂槭（*Acer oliverianum*）（图 3-14）、毛竹（*Phyllostachys pudescens*）、筇竹（*Qiongzhuea tumidinoda*）、罗汉竹（*Qiongzhuea tumidinoda*）、光叶珙桐（*Davidia involucrata* var. *vilmoriniana*）、灯台树（*Cornus controversa*）、檫木（*Sassafras tzumu*）（图3-15）等。

图 3-16　五裂槭

图 3-17　檫木

3.3 云南木本观赏植物资源评价

本书筛选收录的木本观赏植物资源计 95 科 371 种（含亚种、变种、变型）。其中种类较多的科是蔷薇科（Rosaceae）、豆科（Leguminosae）、木兰科（Magnoliaceae）、忍冬科（Caprifoliaceae）、杜鹃花科（Ericaceae）、木犀科（Oleaceae）、马鞭草科（Verbenaceae）、樟科（Lauraceae）、桑科（Moraceae）、毛茛科（Ranunculaceae）、小檗科（Berberidaceae）、虎耳草科（Saxifragaceae）等。按生活型可分为乔木、灌木和藤木三类，其中乔木 168 种，灌木 160 种，藤木 43 种。根据观赏部位，可分为观花类、观花观果类、观花观叶类、观叶观果类、观叶观姿类等 5 类。还有不少种类同时具备多重观赏性状。观花类是指花的色彩、花型、花量、香味等方面比较突出，有较高观赏价值的树种，如玉兰（*Magnolia denudata*）、中甸刺玫（*Rosa praelucens*）、黄牡丹（*Paeonia delavayi*var. *lutea*）等。观花观果类是指花、果均具有较高观赏价值的种类，一般是春夏季开花，秋季结果，是非常具有开发潜力的一类资源，如小檗属（*Berberis*）、峨眉蔷薇（*Rosa omeiensis*）、李（*Prunus salicina*）、高盆樱桃（*Cerasus cerasoides*）等。观花观叶类是指叶、花均具有较高观赏价值的种类，如鹅掌楸（*Liriodendron chinense*）、山玉兰（*Magnolia delavayi*）、凸尖杜鹃（*Rhododendron sinogrande*）等。观叶观果类是指叶、果的色彩、形态突出，具有较高观赏价值的树种，如桦叶荚蒾（*Viburnum betulifolium*）、脉瓣卫矛（*Euonymus tingens*）等。观叶观姿类是指叶形、叶色及植株整体观赏效果较好的树种，可用于行道树、庭荫树和绿篱，如滇杨（*Populus yunnanensis*）、银杏（*Ginkgo biloba*）、桫椤（*Alsophila spinulosa*）等。

3.3.1 乔木观赏树种资源

3.3.1.1 观花类（表 3-1）

表 3-1 云南观花类乔木树种资源

植物名	科名	属名	主要观赏性状
玉兰 *Magnolia denudata*	木兰科	木兰属	花大而茂密，白色，芳香
二乔玉兰 *Magnolia soulangeana*	木兰科	木兰属	花大而茂密，紫红色
多花含笑 *Michelia floribunda*	木兰科	含笑属	花大而茂密，白色
滇山茶 *Camellia reticulata*	山茶科	山茶属	花大而茂密，色彩鲜艳
茶梨 *Anneslea fragrans*	山茶科	茶梨属	花小而茂密，粉红色
木棉 *Bombax malabaricum*	木棉科	木棉属	花大而茂密，橘红色
柽柳 *Tamarix chinensis*	柽柳科	柽柳属	花小而茂密，粉红色
马缨花 *Rhododendron delavayi*	杜鹃花科	杜鹃花属	花大而茂密，鲜红色
露珠杜鹃 *Rhododendron irroratum*	杜鹃花科	杜鹃花属	花大而茂密，淡黄或水红色
大花野茉莉 *Styrax grandiflorus*	安息香科	安息香属	花茂密，白色，芳香
瓦山安息香 *Styrax perkinsiae*	安息香科	安息香属	花小而密集，白色，芳香
垂丝海棠 *Malus halliana*	蔷薇科	苹果属	花茂密，粉红色
西府海棠 *Malus micromalus*	蔷薇科	苹果属	花茂密，粉红色
花红 *Malus asiatica*	蔷薇科	苹果属	花茂密，淡粉色
棠梨 *Pyrus betulifolia*	蔷薇科	梨属	花茂密，白色
大花紫薇 *Lagerstroemia speciosa*	千屈菜科	紫薇属	花序大而密，淡红色或紫色
紫薇 *Lagerstroemia indica*	千屈菜科	紫薇属	花序大而密，淡红色、白色或紫色

续表

植物名	科名	属名	主要观赏性状
云南丁香 *Syringa yunnanensis*	木犀科	丁香属	花序大而密，白色、淡紫红色或淡粉红色
流苏树 *Chionanthus retusus*	木犀科	流苏属	花瓣流苏状，密集，白色
桂花 *Osmanthus fragrans*	木犀科	木犀属	花密集而芳香
白花泡桐 *Paulownia fortunei*	玄参科	泡桐属	花序大而密，白色或淡紫红色
滇楸 *Catalpa fargesii* f. *duclouxii*	紫葳科	梓属	花序大而密，花冠淡红色至淡紫色

3.3.1.2　观花观果类（表 3-2）

表 3-2　云南观花观果类乔木树种资源

植物名	科名	属名	主要观赏性状
毛果含笑 *Michelia sphaerantha*	木兰科	含笑属	花白色下垂，果红色悬垂
云南山楂 *Crataegus scabrifolia*	蔷薇科	山楂属	花白色、繁密，果黄色或带红晕
沙梨 *Pyrus pyrifolia*	蔷薇科	樱属	花白色、密集，果实较大、黄褐色
冬樱花 *Cerasus cerasoides*	蔷薇科	樱属	花粉红、密集，果红色
西南樱桃 *Cerasus duclouxii*	蔷薇科	樱属	花白色、密集，果实红色
钟花樱花 *Cerasus campanulata*	蔷薇科	樱属	花粉红、密集，果红色
云南移依 *Docynia delavayi*	蔷薇科	移依属	花白色或粉色，果淡黄色
千果榄仁 *Terminalia myriocarpa* var. *myriocarpa*	使君子科	榄仁树属	花白色、密集，果紫红色、悬垂
头状四照花 *Dendrobenthamia capitata*	山茱萸科	四照花属	花白色至黄绿、密集，果实紫红色
脉瓣卫矛 *Euonymus tingens*	卫矛科	卫矛属	花瓣白绿色带紫色脉纹，果紫红色
复羽叶栾树 *Koelreuteria bipinnata*	无患子科	栾树属	花金黄、密集，果紫红
柚 *Citrus maxima*	芸香科	柑橘属	花白色、芳香，果形硕大，叶光亮常绿

3.3.1.3　观花观叶类（表 3-3）

表 3-3　云南观花观叶类乔木树种资源

植物名	科名	属名	主要观赏性状
山玉兰 *Magnolia delavayi*	木兰科	木兰属	花大而优美、白色，叶大
馨香玉兰 *Magnolia odoratissima*	木兰科	木兰属	花型优雅、白色、芳香，新叶嫩红色
红花木莲 *Manglietia insignis*	木兰科	木莲属	花型大而优雅、粉红色，叶光亮
木莲 *Manglietia fordiana*	木兰科	木莲属	花型大而优雅、白色，叶光亮
大果木莲 *Manglietia grandis*	木兰科	木莲属	花型大而优雅、红色，叶大而光亮
大叶木莲 *Manglietia megaphylla*	木兰科	木莲属	花型大而优雅、白色至淡绿色，叶大而光亮
马关木莲 *Manglietia maguanica*	木兰科	木莲属	花型大而优雅、紫红色、芳香，叶大而光亮
黄兰 *Michelia champaca*	木兰科	含笑属	花淡黄色、芳香，叶光亮
山鸡椒 *Litsea cubeba*	樟科	木姜子属	花黄绿色、密集，叶光亮、具芳香味
檫木 *Sassafras tzumu*	樟科	檫木属	花黄色、密集，叶形美丽
五桠果 *Dillenia speciosa*	五桠果科	五桠果属	花大、花瓣淡黄绿色、有香气，叶片大、脉纹明显
大花五桠果 *Dillenia turbinata*	五桠果科	五桠果属	花大、亮黄色，叶片大、脉纹明显
鼻涕果 *Saurauia napaulensis*	猕猴桃科	水东哥属	花序大、花冠红色，叶片大、脉纹明显
赤杨叶 *Alniphyllum fortunei*	安息香科	赤杨叶属	花白色或粉红色、密集，新叶嫩红
合欢 *Albizia julibrissin*	含羞草科	合欢属	头状花序、花粉红色，羽状复叶
毛叶合欢 *Albizia mollis*	含羞草科	合欢属	头状花序、花白色，羽状复叶
银合欢 *Leucaena leucocephala*	含羞草科	银合欢属	头状花序、花白色，羽状复叶
白花羊蹄甲 *Bauhinia acuminate*	云实科	羊蹄甲属	花较大、白色，叶形似羊蹄
铁刀木 *Cassia siamea*	云实科	决明属	花序大、金黄，羽状复叶

续表

植物名	科名	属名	主要观赏性状
云南紫荆 *Cercis glabra*	云实科	紫荆属	花粉红，叶心形
中国无忧花 *Saraca dives*	云实科	无忧花属	花序大、黄色，羽状复叶
鹦哥花 *Erythrina arborescens*	蝶形花科	刺桐属	花序大、红色，三出复叶
珙桐 *Davidia involucrata*	山茱萸科	珙桐属	花苞片大、乳白色、似鸽子展翅，叶大、脉纹明显
滇鼠刺 *Itea yunnanensis*	虎耳草科	鼠刺属	总状花序俯弯至下垂，新叶红色
楝 *Melia azedarach*	楝科	楝属	花序大而密集、花瓣白色或紫色，羽状复叶
凸尖杜鹃 *Rhododendron sinogrande*	杜鹃花科	杜鹃花属	花序大、花瓣淡黄色，叶片硕大

3.3.1.4 观叶观果类（表 3-4）

表 3-4 云南观叶观果类乔木树种资源

植物名	科名	属名	主要观赏性状
香叶树 *Lindera communis*	樟科	山胡椒属	果红色，叶光亮
粗壮润楠 *Machilus robusta*	樟科	润楠属	果柄红色而显著，叶浓绿光亮
南方红豆杉 *Taxus wallichiana* var. *mairei*	红豆杉科	红豆杉属	假种皮杯状、红色，叶翠绿
构树 *Broussonetia papyrifera*	桑科	构属	聚花果圆球状、熟时橙红色或鲜红色，叶大、形状奇特
云南枫杨 *Pterocarya delavayi*	胡桃科	枫杨属	果序长而悬垂，羽状复叶
杨梅 *Myrica rubra*	杨梅科	杨梅属	果紫红色，叶光亮、浓绿
柿树 *Diospyros kaki*	柿科	柿属	果大、橙色，叶较大而翠绿
球花石楠 *Photinia glomerata*	蔷薇科	石楠属	果序大而密集、果红色，新叶红色，部分老叶红色
小果冬青 *Ilex micrococca*	冬青科	冬青属	果红色、密集，叶浓绿
多脉冬青 *Ilex polyneura*	冬青科	冬青属	果红色、密集，叶浓绿
余甘子 *Phyllanthus emblica*	大戟科	叶下珠属	果圆球形、绿白色或淡黄白色，叶片排成两列
无患子 *Sapindus mukorossi*	无患子科	无患子属	果圆球形，蜡黄色，秋季叶金黄
清香木 *Pistacia weinmanniifolia*	漆树科	黄连木属	果红色，新叶红色
盐肤木 *Rhus chinensis*	漆树科	盐肤木属	秋叶黄色，果红色

3.3.1.5 观叶观姿类（表 3-5）

表 3-5 云南观叶观姿类乔木树种资源

植物名	科名	属名	主要观赏性状
桫椤 *Alsophila spinulosa*	桫椤科	桫椤属	大型羽状叶，树姿独特
银杏 *Ginkgo biloba*	银杏科	银杏属	叶扇形、秋叶金黄，树姿挺拔
攀枝花苏铁 *Cycas panzhihuaensis*	苏铁科	苏铁属	大型羽状叶，树姿独特
急尖长苞冷杉 *Abies georgei* var. *smithii*	松科	冷杉属	叶翠绿，树姿挺拔、有层次感
丽江云杉 *Picea likiangensis*	松科	云杉属	叶翠绿，树姿挺拔、有层次感
云南油杉 *Keteleeria evelyniana*	松科	油杉属	叶翠绿，树姿挺拔
蓑衣油杉 *Keteleeera evelyniana* var. *pendula*	松科	油杉属	叶翠绿，树干扭曲，小枝下垂
华山松 *Pinus armandii*	松科	松属	叶翠绿，树姿挺拔、有层次感
云南松 *Pinus yunnanensis*	松科	松属	针叶翠绿、柔软下垂，树姿潇洒
杉木 *Cunninghamia lanceolata*	杉科	杉木属	叶翠绿，树姿挺拔
侧柏 *Platycladus orientalis*	柏科	侧柏属	叶翠绿，小枝扁平，树姿挺拔
塔柏 *Juniperus chinensis* var. *pyramidalis*	柏科	圆柏属	叶翠绿，树冠尖塔形，挺拔秀美
龙柏 *Juniperus chinensis* var. *kaizuca*	柏科	圆柏属	叶翠绿，树冠圆整，分枝螺旋状扭曲

续表

植物名	科名	属名	主要观赏性状
高山柏 *Sabina squamata*	柏科	圆柏属	叶翠绿，树冠圆整
昆明柏 *Sabina gaussenii*	柏科	圆柏属	叶翠绿，树冠圆整丰满
刺柏 *Juniperus formosana*	柏科	刺柏属	叶翠绿，树冠圆整，树姿挺拔
翠柏 *Calocedrus macrolepis*	柏科	翠柏属	叶翠绿，树冠圆整，树姿挺拔
福建柏 *Fokienia hodginsii*	柏科	福建柏属	叶翠绿，树冠圆整，树姿挺拔
罗汉松 *Podocarpus macrophllus*	罗汉松科	罗汉松属	叶翠绿，树冠圆整，姿态古拙
百日青 *Podocarpus neriifolius*	罗汉松科	罗汉松属	叶翠绿、细长悬垂，树冠圆整
黄心夜合 *Michelia martinii*	木兰科	含笑属	叶翠绿光亮，树冠圆整，树姿挺拔
云南拟单性木兰 *Parakmeria yunnanensis*	木兰科	拟单性木兰属	叶光亮、新叶粉红，树冠圆整，树姿挺拔
樟树 *Cinnamomum camphora*	樟科	樟属	叶光亮、新叶粉红，树冠开张
黄樟 *Cinnamomum porrectum*	樟科	樟属	叶翠绿光亮，树冠圆整紧凑
云南樟 *Cinnamomum glanduliferum*	樟科	樟属	叶翠绿光亮，树冠圆整紧凑
长梗润楠 *Machilus longipedicellata*	樟科	润楠属	叶翠绿光亮，树冠开张，枝叶茂密，树姿挺拔
滇润楠 *Machilus yunnanensis*	樟科	润楠属	叶光亮、新叶粉红，树冠圆整，枝叶茂密
野八角 *Illicium simonsii*	八角科	八角属	叶光亮、新叶粉红，树冠圆整紧凑
水青树 *Tetracentron sinense*	水青树科	水青树属	叶形美丽，枝叶茂密
马蹄荷 *Symingtonia populnea*	金缕梅科	马蹄荷属	叶光亮、马蹄形，树冠圆整
枫香 *Liquidamba formosana*	金缕梅科	枫香属	叶掌状开裂、秋叶红色或橙色，树形挺拔
虎皮楠 *Daphniphyllum oldhami*	交让木科	交让木属	叶光亮浓绿，树冠圆整，枝叶茂密
长序虎皮楠 *Daphniphyllum longeracemosum*	交让木科	交让木属	叶光亮浓绿，树冠圆整，枝叶茂密
杜仲 *Eucommia ulmoides*	杜仲科	杜仲属	秋叶黄色，枝叶茂密
榔榆 *Ulmus parvifolia*	榆科	榆属	秋叶黄色，树姿潇洒，树皮斑驳，枝叶细密
昆明榆 *Ulmus changii* var. *kunmingensis*	榆科	榆属	秋叶黄色，树姿开张
滇朴 *Celtis tetrandra*	榆科	朴属	秋叶黄色，树姿开张
鸡嗉子榕 *Ficus semicordata*	桑科	榕属	叶粗犴，树姿开张
榕树 *Ficus microcarpa*	桑科	榕属	叶光亮浓绿，树冠圆整，枝叶茂密
黄葛榕 *Ficus virens* var. *sublanceolata*	桑科	榕属	叶大而光亮，树冠圆整，枝叶茂密
高山榕 *Ficus altissima*	桑科	榕属	叶大而光亮，树冠圆整，枝叶茂密
大青树 *Ficus hookeriana*	桑科	榕属	叶大而光亮，树冠圆整
木瓜榕 *Ficus auriculata*	桑科	榕属	叶大而粗犴，树冠开张
云南黄杞 *Engelhardtia spicata*	胡桃科	黄杞属	羽状复叶，树冠开张，树姿挺拔
胡桃 *Juglans regia*	胡桃科	胡桃属	羽状复叶，树冠开张，树姿挺拔
板栗 *Castanea mollissima*	山毛榉科	栗属	秋叶黄色，树冠圆整
栓皮栎 *Quercus variabilis*	山毛榉科	栎属	秋叶黄色，树冠开张，树姿挺拔
滇石栎 *Lithocarpus dealbatus*	山毛榉科	栎属	叶浓绿，树冠圆整，树姿挺拔
华榛 *Corylus chinensis*	桦木科	榛属	秋叶黄色，树冠圆整
蒙自桤木 *Alnus nepalensis*	桦木科	桤木属	叶浓绿，树姿挺拔
银木荷 *Schima argentea*	山茶科	木荷属	新叶红色，树冠圆整，树姿挺拔，枝叶茂密
西南木荷 *Schima wallichii*	山茶科	木荷属	新叶淡红色，树冠圆整，树姿挺拔，枝叶茂密
厚皮香 *Ternstroemia gymnanthera*	山茶科	厚皮香属	叶浓绿，树冠开展、层次感强
大叶藤黄 *Garcinia xanthochymus*	藤黄科	藤黄属	叶浓绿，树冠圆整，枝叶茂密
山杜英 *Elaeocarpus sylvestris*	杜英科	杜英属	部分老叶红色，树冠圆整
滇藏杜英 *Elaeocarpus braceanus*	杜英科	杜英属	叶浓绿，树冠圆整紧凑，枝叶茂密
云南梧桐 *Firmiana major*	梧桐科	梧桐属	叶大而翠绿，树冠开展
梭罗树 *Reevesia pubescens*	梧桐科	梭罗树属	叶翠绿，树冠圆整，枝叶茂密
栀子皮 *Itoa orientalis*	大风子科	栀子皮属	叶大而绿，枝叶稠密
滇杨 *Populus yunnanensis*	杨柳科	杨属	叶形美，树冠圆整紧凑，树姿挺拔
肋果茶 *Sladenia celastrifolia*	猕猴桃科	肋果茶属	叶翠绿，树冠圆整紧凑，树姿挺拔，枝叶茂密

续表

植物名	科名	属名	主要观赏性状
铜绿山矾 *Symplocos aenea*	山矾科	山矾属	叶浓绿，树冠圆整紧凑，树姿挺拔，枝叶茂密
短萼海桐 *Pittosporum brevicalyx*	海桐花科	海桐花属	叶浓绿，树冠圆整紧凑，树姿挺拔，枝叶茂密
八宝树 *Duabanga grandiflora*	八宝树	八宝树属	叶翠绿，树冠圆整紧凑，树姿挺拔潇洒，枝叶茂密
榄仁树 *Terminalia catappa*	使君子科	诃子属	叶大而翠绿，树冠开张，树姿挺拔
鞘柄木 *Toricellia tiliifolia*	山茱萸科	鞘柄木属	叶大、叶柄红色，株型紧凑，枝叶茂密
喜树 *Amptotheca acuminata*	山茱萸科	喜树属	叶翠绿，树冠圆整，树姿挺拔
秋枫 *Bischofia javanica*	大戟科	秋枫属	叶浓绿，树冠开张，树姿挺拔，枝叶茂密
中平树 *Macaranga denticulata*	大戟科	血桐属	叶翠绿，树冠开张，树姿挺拔
油桐 *Vernicia fordii*	大戟科	油桐属	叶翠绿，树冠圆整，枝叶茂密
云南七叶树 *Aesculus wangii*	七叶树科	七叶树属	掌状复叶、秋叶黄色，树冠开张，树姿挺拔
川滇三角枫 *Acer paxii*	槭树科	槭属	叶掌状开裂，树冠圆整紧凑，枝叶茂密
青皮槭 *Acer appadocicum*	槭树科	槭属	叶掌状开裂、秋叶黄色，树冠开展
五裂槭 *Acer oliverianum*	槭树科	槭属	叶掌状开裂、秋叶黄色，树冠开展
黄连木 *Pistacia chinensis*	漆树科	黄连木属	新叶和秋叶红色，树冠圆整，枝叶茂密
野漆 *Toxicodendron succedaneum*	漆树科	漆属	秋叶红色，树冠开展
臭椿 *Ailanthus altissima*	苦木科	臭椿属	大型羽状复叶、春季嫩叶紫红色，树干通直，树冠开展
幌伞枫 *Heteropanax fragrans*	五加科	幌伞枫属	大型羽状复叶、翠绿光亮，树冠开展，姿态潇洒
刺楸 *Kalopanax septemlobus*	五加科	刺楸属	叶三角状开裂、翠绿光亮，树冠开展
通脱木 *Tetrapanax papyrifer*	五加科	通脱木属	叶大、多裂，树冠似棕榈
糖胶树 *Alstonia scholaris*	夹竹桃科	鸡骨常山属	叶片轮生、光亮翠绿，树姿挺拔、层次感强
粗糠树 *Ehretia macrophylla*	紫草科	厚壳树属	叶大而粗犷，树冠开展
白蜡 *Fraxinus chinensis*	木犀科	白蜡属	羽状复叶、秋叶黄色，树冠开展
女贞 *Ligustrum lucidum*	木犀科	女贞属	叶光亮浓绿，树冠圆整紧凑，枝叶茂密
棕榈 *Trachycarpus fortunei*	棕榈科	棕榈属	叶扇形，树姿挺拔优美
董棕 *Caryota urens*	棕榈科	鱼尾葵属	叶巨大、羽状开裂，树姿挺拔潇洒
十齿花 *Dipentodon sinicus*	十齿花科	十齿花属	叶光亮浓绿，株型紧凑，枝叶茂密

3.3.2 灌木观赏树种资源

3.3.2.1 观花类（表 3-6）

表 3-6　云南观花类灌木树种资源

植物名	科名	属名	主要观赏性状
云南含笑 *Michelia yunnanensis*	木兰科	含笑属	花密集，白色，芳香
紫玉兰 *Magnolia liliiflora*	木兰科	木兰属	花大，紫色
蜡梅 *Chimonanthus praecox*	蜡梅科	蜡梅属	花蜡黄色，芳香
檵木 *Loropetalum chinensis*	金缕梅科	檵木属	花密集，白色、花瓣带状
黄牡丹 *Paeonia delavayi* var. *lutea*	芍药科	芍药属	花较大，黄色
怒江山茶 *Camellia saluenensis*	山茶科	山茶属	花大，粉红
木槿 *Hibiscus syriacus*	锦葵科	木槿属	花大而多，白、淡粉红、淡紫、紫红
映山红 *Rhododendron simsii*	杜鹃花科	杜鹃花属	花大而密集，红色
羊踯躅 *Rhododendron molle*	杜鹃花科	杜鹃花属	花大而密集，黄色或金黄色
富源杜鹃 *Rhododendron fuyuanense*	杜鹃花科	杜鹃花属	花小而密集，紫红
腋花杜鹃 *Rhododendron racemosum*	杜鹃花科	杜鹃花属	花小而密集，粉红色或淡紫红色

续表

植物名	科名	属名	主要观赏性状
密枝杜鹃 *Rhododendron fastigiatum*	杜鹃花科	杜鹃花属	花小而密集，紫蓝色或鲜淡紫红色
爆杖花 *Rhododendron spinuliferum*	杜鹃花科	杜鹃花属	花小而密集，花冠筒状，朱红色、鲜红色或橙红色
碎米花杜鹃 *Rhododendron spiciferum*	杜鹃花科	杜鹃花属	花小而密集，粉红色
锈叶杜鹃 *Rhododendron siderophyllum*	杜鹃花科	杜鹃花属	花朵密集，白色、淡红色、淡紫色
棕背杜鹃 *Rhododendron alutaceum*	杜鹃花科	杜鹃花属	花序大而密集，白色至粉红色
黄杯杜鹃 *Rhododendron wardii*	杜鹃花科	杜鹃花属	花序大而密集，鲜黄色或黄绿色
云上杜鹃 *Rhododendron pachypodum*	杜鹃花科	杜鹃花属	花大，白色
泡泡叶杜鹃 *Rhododendron edgeworthi*	杜鹃花科	杜鹃花属	花大，乳白色带粉红，芳香
云南杜鹃 *Rhododendron yunnanense*	杜鹃花科	杜鹃花属	花密集，白色、淡红色或淡紫色
亮毛杜鹃 *Rhododendron microphyton*	杜鹃花科	杜鹃花属	花小而密集，蔷薇色或近于白色
红棕杜鹃 *Rhododendron rubiginosum*	杜鹃花科	杜鹃花属	花密集，淡紫色、紫红色、玫瑰红色、淡红色
水柏枝 *Myricaria paniculata*	柽柳科	水柏枝属	花小而茂密，粉红色
白檀 *Symplocos paniculata*	山矾科	山矾属	花茂密，白色
西南绣球 *Hydrangea davidii*	八仙花科	绣球属	花小而密集，不育花白色或粉红色
紫萼山梅花 *Philadelphus purpurascens*	虎耳草科	山梅花属	花小而密集，白色，芳香
昆明山梅花 *Philadelphus kunmingensis*	虎耳草科	山梅花属	花小而密集，白色，芳香
云南山梅花 *Philadelphus delavayi*	虎耳草科	山梅花属	花小而密集，白色，芳香
紫花溲疏 *Deutzia purpurascens*	虎耳草科	溲疏属	花小而密集，粉红
中甸刺玫 *Rosa praelucens*	蔷薇科	蔷薇属	花大而密集，白色或粉红色
巢丝花 *Rosa roxburghii*	蔷薇科	蔷薇属	花大而密集，粉红色
粉花绣线菊 *Spiraea japonica*	蔷薇科	绣线菊属	花小而密集，粉红
滇中绣线菊 *Spiraea schochiana*	蔷薇科	绣线菊属	花小而密集，白色
毛枝绣线菊 *Spiraea martini*	蔷薇科	绣线菊属	花小而密集，白色
细枝绣线菊 *Spiraea myrtilloides*	蔷薇科	绣线菊属	花小而密集，白色
棣棠 *Kerria japonica*	蔷薇科	棣棠属	花多而密集，黄色
珍珠花 *Lyonia ovalifolia*	杜鹃花科	南烛属	花多而密集，白色，花型美
紫荆 *Cercis chinensis*	云实科	紫荆属	盛开时花朵繁密，成团簇状，紫红色，十分艳丽
白刺花 *Sophora davidii*	蝶形花科	槐属	花多而密集，白色
云南锦鸡儿 *Caragana franchetiana*	蝶形花科	锦鸡儿属	花多而密集，花冠黄色
长波叶山蚂蝗 *Desmodium sequax*	蝶形花科	山蚂蝗属	花多而密集，粉红色
圆锥山蚂蝗 *Desmodium elegans*	蝶形花科	山蚂蝗属	花多而密集，粉红色
饿蚂蝗 *Desmodium multiflorum*	蝶形花科	山蚂蝗属	花多而密集，粉红色
截叶铁扫帚 *Lespedeza cuneata*	蝶形花科	胡枝子属	花多而密集，白色
小雀花 *Campylotropis polyantha*	蝶形花科	杭子梢属	花多而密集，粉红色
马棘 *Indigofera pseudotinctoria*	蝶形花科	木蓝属	花小而密集，粉红色
虾子花 *Woodfordia fruticosa*	千屈菜科	虾子花属	花小而密集，红色
雪花构 *Daphne papyracea*	瑞香科	瑞香属	头状花序生于小枝顶端，花小而密集，白色，芳香
陕甘瑞香 *Daphne tangutica*	瑞香科	瑞香属	头状花序生于小枝顶端，花小而密集，外面紫色或紫红色，内面白色，芳香
橙黄瑞香 *Daphne aurantiaca*	瑞香科	瑞香属	花朵密集，橙黄，芳香
澜沧荛花 *Wikstroemia delavayi*	瑞香科	荛花属	花小而密集，黄色
展毛野牡丹 *Melastoma normale*	野牡丹科	野牡丹属	花瓣紫红色，花型优雅
蚂蚁花 *Osbeckia nepalensis*	野牡丹科	金锦香属	花红色至粉红色，花型优雅
假朝天罐 *Osbeckia crinita*	野牡丹科	金锦香属	花瓣紫红色，花型优雅
药囊花 *Cyphotheca montana*	野牡丹科	药囊花属	花瓣白色，花型优雅

续表

植物名	科名	属名	主要观赏性状
光叶偏瓣花 *Plagiopetalum serratum*	野牡丹科	偏瓣花属	花小而密集，花瓣紫红色
小梾木 *Swida paucinervis*	山茱萸科	梾木属	花小而密集，白色至淡黄白色
黄花倒水莲 *Polygala fallax*	远志科	远志属	总状花序下垂，花瓣正黄色
荷包山桂花 *Polygala arillata*	远志科	远志属	总状花序下垂，花瓣黄色
米团花 *Leucosceptrum canum*	唇形科	米团花属	圆柱状穗状花序，密集
来江藤 *Brandisia hancei*	玄参科	来江藤属	花密集，冠橙红色
大叶醉鱼草 *Buddleja davidii*	醉鱼草科	醉鱼草属	总状聚伞花序，密集，花冠淡紫色或白色或粉红，芳香
密蒙花 *Buddleja officinalis*	醉鱼草科	醉鱼草属	花多而密集，组成顶生聚伞圆锥花序，花冠白色，芳香
驳骨丹 *Buddleja asiatica*	醉鱼草科	醉鱼草属	总状聚伞花序，密集，花冠白色，芳香
长穗醉鱼草 *Buddleja macrostachya*	醉鱼草科	醉鱼草属	总状聚伞花序，密集，花淡紫色，芳香
管花木犀 *Osmanthus delavayi*	木犀科	木犀属	花多而密集，白色，芳香
栀子 *Gardenia jasminoides*	茜草科	栀子属	花较大，白色，芳香
六月雪 *Serissa japonica*	茜草科	六月雪属	花小而密集，白色
滇丁香 *Luculia gratissima*	茜草科	滇丁香属	伞房状的聚伞花序顶生，花多而密，花冠红色
玉叶金花 *Mussaenda pubescens*	茜草科	玉叶金花属	萼片白色、叶片状，花金黄
川滇野丁香 *Leptodermis pilosa*	茜草科	野丁香属	花小而密集，紫红色
小叶六道木 *Abelia parvifolia*	忍冬科	六道木属	花密集，花冠粉红色或浅紫色
大叶斑鸠菊 *Vernonia volkameriifolia*	菊科	斑鸠菊属	花序大而密，花冠淡红色

3.3.2.2 观花观果类（表 3-7）

表 3-7 云南观花观果类灌木树种资源

植物名	科名	属名	主要观赏性状
金花小檗 *Berberis wilsonae*	小檗科	小檗属	花小而密集，金黄色，果红色
粉叶小檗 *Berberis ruinosa*	小檗科	小檗属	花小而密集，金黄色，果紫黑色，有白粉
刺红珠 *Berberis dictyophylla*	小檗科	小檗属	花小而密集，金黄色，果红色
川滇小檗 *Berberis jamesiana*	小檗科	小檗属	花小而密集，金黄色，果红色
乌鸦果 *Vaccinium fragile*	杜鹃花科	越橘属	花小而密集，花冠白色至淡红色，有 5 条红色脉纹；果球形，红色至深黑色
地檀香 *Gaultheria forrestii*	杜鹃花科	白珠树属	花小而密集，花冠白色；果球形，暗蓝色
峨眉蔷薇 *Rosa omeiensis*	蔷薇科	蔷薇属	花白色、密集，果红色
大叶蔷薇 *Rosa macrophylla*	蔷薇科	蔷薇属	花果红艳
皱皮木瓜 *Chaenomeles speciosa*	蔷薇科	木瓜属	花多而密集，猩红色或淡红色；果大，黄色或带黄绿色
平枝栒子 *Cotoneaster horizontalis*	蔷薇科	栒子属	花小而密集，花瓣粉红色，果红色
西南栒子 *Cotoneaster franchetii*	蔷薇科	栒子属	花小而密集，花瓣粉红色，果红色
粉叶栒子 *Cotoneaster glaucophyllus*	蔷薇科	栒子属	花小而密集，花瓣白色，果红色
小叶栒子 *Cotoneaster microphyllus*	蔷薇科	栒子属	花小而密集，花瓣白色，果红色
厚叶栒子 *Cotoneaster coriaceus*	蔷薇科	栒子属	花小而密集，花瓣白色，果红色
火棘 *Pyracantha fortuneana*	蔷薇科	火棘属	花小而密集，花瓣白色，果橘红色或深红色
窄叶火棘 *Pyracantha angustifolia*	蔷薇科	火棘属	花小而密集，花瓣白色，果砖红色
中甸山楂 *Crataegus chungtienensis*	蔷薇科	山楂属	花白色、繁密，果红色
红毛花楸 *Sorbus rufopilosa*	蔷薇科	花楸属	花粉红色、密集，果红色
白牛筋 *Dichotomanthus tristaniaecarpa*	蔷薇科	牛筋条属	花白色、密集，果红色
红果树 *Stranvaesia davidiana*	蔷薇科	红果树属	花白色、密集，果红色
宜昌胡颓子 *Elaeagnus henryi*	胡颓子科	胡颓子属	花小而密集，淡白色，果红色

续表

植物名	科名	属名	主要观赏性状
牛角瓜 *Calotropis gigantea*	萝藦科	牛角瓜属	花冠紫蓝色，果实如牛角状
紫珠 *Callicarpa bodinieri*	马鞭草科	紫珠属	花小而密集、紫色，果实紫色
狭叶紫珠 *Callicarpa rubella* f. *angustata*	马鞭草科	紫珠属	花小而密集，紫红色、黄绿色或白色，果实紫红色
大叶紫珠 *Callicarpa macrophylla*	马鞭草科	紫珠属	花序大、花粉红，果紫红
金银忍冬 *Lonicera maackii*	忍冬科	忍冬属	花白色或黄色，芳香，果红色
显脉荚蒾 *Viburnum nervosum*	忍冬科	荚蒾属	花白色、密集，果红色后变黑色
珍珠荚蒾 *Viburnum foetidum* var.*ceanothoides*	忍冬科	荚蒾属	花密集、白色，果实红色
漾濞荚蒾 *Viburnum chingii*	忍冬科	荚蒾属	花密集、白色，果实红色
狭萼鬼吹箫 *Leycesteria formosa* var. *stenosepala*	忍冬科	鬼吹箫属	花果密集，花白色至粉红色或带紫红色，果实由红色或紫红色变黑色或紫黑色
刺果卫矛 *Euonymus acanthocarpus*	卫矛科	卫矛属	果实红色、有刺，具有独特观赏性

3.3.2.3　观花观叶类（表 3-8）

表 3-8　云南观花观叶类灌木树种资源

植物名	科名	属名	主要观赏性状
红叶木姜子 *Litsea rubescens*	樟科	木姜子属	花黄绿色、密集，新叶嫩红
滇蜡瓣花 *Corylopsis yunnanensis*	金缕梅科	蜡瓣花属	穗状花序密而下垂、花蜡黄色、芳香，叶脉美丽
长叶苎麻 *Boehmeria penduliflora*	荨麻科	苎麻属	叶粗狂，雌穗状花序长而柔软悬垂
西南金丝梅 *Hypericum henryi*	藤黄科	金丝桃属	叶光亮，花多而密，金黄色
野香橼花 *Capparis bodinieri*	白花菜科	山柑属	叶光亮，花白色，花形独特
大白花杜鹃 *Rhododendron decorum*	杜鹃花科	杜鹃花属	叶大而光亮、新叶红色，花白色或粉红，花大而密
棉毛房杜鹃 *Rhododendron facetum*	杜鹃花科	杜鹃花属	叶大而光亮，花序大、鲜红色
美丽马醉木 *Pieris formosa*	杜鹃花科	马醉木属	新叶红色，花多而密、白色
苍山越橘 *Vaccinium delavayi*	杜鹃花科	越橘属	叶小而光亮，花多而密、白色
云南越橘 *Vaccinium duclouxii*	杜鹃花科	越橘属	新叶红色，花多而密、白色或淡红色
黄花木 *Piptanthus concolor*	蝶形花科	黄花木属	三出复叶，花黄色
尖子木 *Oxyspora paniculata*	野牡丹科	尖子木属	叶大、脉纹明显，花序大而密集、花紫红
赪桐 *Clerodendrum japonicum*	马鞭草科	大青属	大型心形叶，总状圆锥花序，花萼、花冠、花梗均为鲜艳的深红色
臭牡丹 *Clerodendrum bungei*	马鞭草科	大青属	叶宽卵形或心形，花冠红色或玫瑰红色
滇常山 *Clerodendrum yunnanense*	马鞭草科	大青属	叶宽卵形或心形，花冠白色至浅红色
满大青 *Clerodendrum mandarinorum*	马鞭草科	大青属	花序大而密集、花瓣白色，叶片大而绿
皱叶醉鱼草 *Buddleja crispa*	醉鱼草科	醉鱼草属	叶片两面密被灰白色绒毛，花淡紫色，芳香
云南黄馨 *Jasminum mesnyi*	木犀科	素馨属	三出复叶，叶片光亮，花朵明黄
矮探春 *Jasminum humile*	木犀科	素馨属	三出复叶，叶片光亮，花朵明黄
小蜡 *Ligustrum sinense*	木犀科	女贞属	枝叶稠密，花白色芳香

3.3.2.4 观叶观果类（表 3-9）

表 3-9 云南观叶观果类灌木树种资源

植物名	科名	属名	主要观赏性状
南天竹 *Nandina domestica*	小檗科	小檗属	三回羽状复叶，冬季变红色；果红色
对叶榕 *Ficus hispida*	桑科	榕属	叶大而粗狂，枝叶稠密
水麻 *Debregeasia orientalis*	荨麻科	水麻属	叶被灰白色，果橙黄色
云南杨梅 *Myrica nana*	杨梅科	杨梅属	叶光亮浓绿，果紫红色
西南花楸 *Sorbus rehderiana*	蔷薇科	花楸属	果粉红色至深红色，羽状复叶、秋叶红色或黄色
川滇花秋 *Sorbus vilmorinii*	蔷薇科	花楸属	果粉红色，羽状复叶、秋叶红色或黄色
朱砂根 *Ardisia crenata*	紫金牛科	紫金牛属	叶光亮浓绿，果鲜红色
铁仔 *Myrsine africana*	紫金牛科	铁仔属	叶光亮翠绿，果暗红色至紫黑色
高山醋栗 *Ribes alpestre*	茶藨子科	茶藨子属	叶掌状 3 ～ 5 裂，紫红色
牛奶子 *Elaeagnus umbellata*	胡颓子科	胡颓子属	背面银白色，果实近球形，熟时红色
青荚叶 *Helwingia japonica*	山茱萸科	青荚叶属	叶翠绿，果实黑色
野扇花 *Sarcococca ruscifolia*	黄杨科	野扇花属	叶面亮绿，果实球形，熟时猩红至暗红色
越南叶下珠 *Phyllanthus cochinchinensis*	大戟科	叶下珠属	叶小而光亮，果实暗红色
铁马鞭 *Rhamnus aurea*	鼠李科	鼠李属	叶小而密集，果近球形，成熟时黑色

3.3.2.5 观叶观姿类（表 3-10）

表 3-10 云南观叶观姿类灌木树种资源

植物名	科名	属名	主要观赏性状
马桑 *Coriaria nepalensis*	马桑科	马桑属	叶对生、光亮，枝条水平开展
黄背栎 *Quercus pannosa*	山毛榉科	栎属	叶背黄总色，树冠圆整
滇榛 *Corylus yunnanensis*	桦木科	榛属	新叶黄绿，秋叶金黄，株丛密集
板凳果 *Pachysandra axillaris*	黄杨科	板凳果属	匍匐或攀援半灌木，叶翠绿
雀舌黄杨 *Buxus bodinieri*	黄杨科	黄杨属	叶密集、光亮，株丛圆整紧凑
梁王茶 *Nothopanax delavayl*	五加科	梁王茶属	掌状复叶、叶丛密集，株丛圆整紧凑
鹅掌柴 *Schefflera octophylla*	五加科	鹅掌柴属	掌状复叶、光亮，树冠开展
长叶女贞 *Ligustrum ompactum*	木犀科	女贞属	叶光亮浓绿，树冠圆整
尖叶木犀榄 *Olea ferruginea*	木犀科	木犀榄属	叶光亮翠绿，树冠圆整，枝叶茂密
珊瑚树 *Viburnum odoratissimum*	忍冬科	荚蒾属	叶浓绿茂密，株丛紧凑
江边刺葵 *Phoenix roebelenii*	棕榈科	刺葵属	大型羽状叶，树形优美
多裂棕竹 *Rhapis multifida*	棕榈科	棕竹属	叶掌状深裂，株丛紧凑
露兜树 *Pandanus tectorius*	露兜树科	露兜树属	叶细长、三行紧密螺旋状排列，十分奇特美观
朱蕉 *Cordyline fruticosa*	龙舌兰科	朱蕉属	叶绿色或紫红色、绚丽多变，株丛紧凑
马甲子 *Paliurus ramosissimus*	鼠李科	马甲子属	叶翠绿，树冠圆整

3.3.3 藤木观赏树种资源（表 3-11）

表 3-11 云南藤木类观赏树种资源

植物名	科名	属名	主要观赏性状
鹤庆五味子 *Schisandra wilsoniana*	五味子科	五味子属	花黄色
南五味子 *Kadsura longipedunculata*	五味子科	南五味子属	花被片白色或淡黄色，聚合果球形，红色
绣球藤 *Clematis montana*	毛茛科	铁线莲属	花多而密集，白色
甘川铁线莲 *Clematis akebioides*	毛茛科	铁线莲属	花多而密集，黄色或紫红
尾叶铁线莲 *Clematis urophylla*	毛茛科	铁线莲属	花多而密集，白色
滑叶藤 *Clematis fasciculiflora*	毛茛科	铁线莲属	花多而密集，白色
钝萼铁线莲 *Clematis peterae*	毛茛科	铁线莲属	花多而密集，白色
西南铁线莲 *Clematis pseudopogonandra*	毛茛科	铁线莲属	花多而密集，深紫色
金毛铁线莲 *Clematis chrysocoma*	毛茛科	铁线莲属	花多而密集，白色
木通 *Akebia quinata*	木通科	木通属	叶浓绿茂密，果实大、紫红色
地石榴 *Ficus tikoua*	桑科	榕属	叶翠绿，匍匐状
劈荔 *Ficus pumila*	桑科	榕属	叶浓绿，果实较大而密集
显脉猕猴桃 *Actinidia venosa*	猕猴桃	猕猴桃属	花密集，白色至淡红褐色
贡山猕猴桃 *Actinidia pilosula*	猕猴桃	猕猴桃属	叶柄淡紫色，花密集、淡黄色
中华猕猴桃 *Actinidia chinensis*	猕猴桃	猕猴桃属	花白色至黄色，果较大
密齿酸藤子 *Embelia vestita*	紫金牛科	酸藤子属	叶光亮，果实密集、鲜红色
倒挂刺 *Rosa longicuspis*	蔷薇科	蔷薇属	花多而密集，白色，果暗红色
木香 *Rosa banksiae*	蔷薇科	蔷薇属	花多而密集、白色、芳香
大花香水月季 *Rosa odorata* var. *gigantea*	蔷薇科	蔷薇属	花大而密集、白色、芳香
粉红香水月季 *Rosa odorata* var. *erubescens*	蔷薇科	蔷薇属	花大而密集、粉红、芳香
十姐妹 *Rosa multiflora* var. *platyphylla*	蔷薇科	蔷薇属	花多而密集，粉红、红色至紫红色，芳香
三色莓 *Rubus tricolor*	蔷薇科	悬钩子属	叶型美丽，果实鲜红
黄叶藨 *Rubus ellipticus*	蔷薇科	悬钩子属	花白色，果黄
云南羊蹄甲 *Bauhinia yunnanensis*	云实科	羊蹄甲属	花较大、淡红色或白色，叶羊蹄状
昆明鸡血藤 *Millettia reticulate*	豆科	崖豆藤属	花序大，花冠暗紫色
间序油麻藤 *Mucuna interrupta*	豆科	油麻藤属	叶茂密，花序大、花冠暗紫色
常春油麻藤 *Mucuna sempervirens*	豆科	油麻藤属	叶茂密，花序大、花冠暗紫色
葛藤 *Argyreia seguinii*	豆科	葛属	叶大而茂密，花序大、花冠紫红色
紫藤 *Wisteria sinensis*	豆科	紫藤属	开花繁多，花序大而美丽，花紫色，具有香气
密花胡颓子 *Elaeagnus conferta*	胡颓子科	胡颓子属	枝叶茂密，果红色
使君子 *Quisqualis indica*	使君子科	诃子属	花密集，初为白色、后转淡红色
云南勾儿茶 *Berchemia yunnanensis*	鼠李科	勾儿茶属	叶光亮，果密集、红色至黑色
多花勾儿茶 *Berchemia floribunda*	鼠李科	勾儿茶属	叶光亮，果密集、红色至黑色

续表

植物名	科名	属名	主要观赏性状
三叶地锦 *Parthenocissus semicordata*	葡萄科	地锦属	叶茂密，新叶红色
扁担藤 *Tetrastigma planicaule*	葡萄科	崖爬藤属	茎扁平、形状如同扁担，浆果密集、呈暗红色
常春藤 *Hedera nepalensis* var. *sinensis*	五加科	常春藤属	叶茂密、叶形美丽
大纽子花 *Vallaris indecora*	夹竹桃科	纽子花属	花密集、淡黄绿色、芳香
羊角拗 *Strophanthus divaricatus*	夹竹桃科	羊角拗属	叶光亮，果如同羊角
苦绳 *Dregea sinensis*	萝藦科	南山藤属	伞状聚伞花序，着花多达 20 朵，紫红色，果型奇特
素方花 *Jasminum officinale*	木犀科	素馨属	花密集，芳香，花冠里面白色、外面紫红
金银花 *Lonicera japonica*	忍冬科	忍冬属	花多而密集，白色或黄色，果蓝黑色
爬树龙 *Rhaphidophora decursiva*	天南星科	崖角藤属	叶大型、边缘羽状深裂，佛焰苞肉质、黄色
毛过山龙 *Rhaphidophora hookeri*	天南星科	崖角藤属	叶片硕大光亮，佛焰苞外面绿色、内面黄色
土茯苓 *Smilax glabra*	菝葜科	菝葜属	茎叶光滑绿色，果实熟时变黑

各论（乔木）

云南木本观赏植物资源

The Germplasm Resources of Woody Ornamental Plants in Yunnan， China

桫　椤

Alsophila spinulosa

桫椤科　桫椤属

别名： 刺桫椤，台湾桫椤

形态特征： 陆生蕨类植物，通常为树状，直立，通常不分枝，茎干高达 10m 以上，上部直径可达 15cm，外被残存的叶柄基部及鳞片。叶柄深暗黄白色至红棕色，有发达的棘手硬皮刺；基部的鳞片深棕色。叶片长圆形，长达 2m，宽达 1m，二回羽状 – 末回羽片羽状深裂；叶轴疏生棘手硬皮刺。羽片长圆状披针形，长达 60cm，中部宽达 20cm；羽轴上面疏生棕色卷曲毛，下面无毛，下部疏生短皮刺，上部近平滑。小羽片线状披针形，具短柄，深羽裂几达中肋，先端长渐尖；中肋上面疏生棕色卷曲毛，背面疏被苍白色、扁平至突起的小形宽鳞片。裂片略镰形，边缘有疏钝锯齿。叶脉羽状。孢子囊群圆球形，紧靠裂片中肋。

◎**分布：** 产于云南威信、广南、峨山、新平、沧源、盈江、福贡、贡山等亚热带地区；西藏、贵州、四川、重庆、广西、广东、海南、福建及台湾也有分布。

◎**生境和习性：** 生于海拔 350 ～ 1400m 的河谷山地雨林及次生常绿阔叶林缘或疏林中。

◎**观赏特性及园林用途：** 四季常绿，树干端直，树形美观别致，可作庭园观赏植物，已被列为国家重点保护植物。

攀枝花苏铁

Cycas panzhihuaensis

苏铁科　苏铁属

形态特征： 棕榈状常绿植物，高 1 ～ 2.5m，茎干覆被着宿存的叶柄基部。叶螺旋状排列，簇生于茎干的顶部，羽状全裂，长 70 ～ 120cm，叶柄上部两侧有平展的短刺；羽片 70 ～ 105 对，线形，厚革质，长 12 ～ 23cm，宽 6 ～ 7mm，上面中脉隆起，先端渐尖，基部楔形、偏斜。雌雄异株；小孢子叶球单生茎顶，常偏斜，纺锤状圆柱形或椭圆状圆柱形，通常微弯曲；小孢子叶楔形，长 3 ～ 6cm，先端宽三角形，中央有突起的尖刺；大孢子叶多数，簇生茎顶，呈球形或半球形，长 14 ～ 18cm，密被黄褐色至锈褐色绒毛；上部扁平，宽菱形或菱状卵形，羽状半裂，裂片 30 ～ 40；下部柄状，中上部两侧着生 1 ～ 5（通常 3 ～ 4）个胚珠。种子近球形或微扁，直径约 2.5cm，假种皮橘红色。

◎**分布：** 产云南元谋；四川渡口、宁南、德昌、盐源有分布。

◎**生境和习性：** 生长于海拔 1100 ～ 2000m 的金沙江中段，其气候属南亚热带半干旱河谷气候类型。

◎**观赏特性及园林用途：** 树形古雅，主干粗壮，坚硬如铁；羽叶洁滑光亮，四季常青，为珍贵观赏树种。可植于庭前阶旁及草坪内；也可作大型盆栽，布置庭院屋廊及厅室，殊为美观。

银　杏

Ginkgo biloba

银杏科　银杏属

别名： 白果树，公孙树，鸭掌树

形态特征： 落叶大乔木，高达 40m。枝有长枝与短枝。叶在长枝上螺旋状散生，在短枝上簇生状，叶片扇形，有长柄，有多数 2 叉状并列的细脉；上缘宽 5 ～ 8cm，浅波状，有时中央浅裂或深裂。雌雄异株，稀同株；球花生于短枝叶腋或苞腋；雄球花成葇荑花序状，雄蕊多数，各有 2 花药；雌球花有长梗，梗端 2 叉，叉端生 1 珠座，每珠座生 1 胚珠，仅 1 个发育成种子。种子核果状，椭圆形至近球形，长 2.5 ～ 3.5cm；外种皮肉质，有白粉，熟时淡黄色或橙黄色。花期 3 ～ 4 月，种子 9 ～ 10 月成熟。

◎**分布：** 银杏为中生代孑遗的稀有树种，系我国特产，仅浙江天目山有野生树木。栽培区甚广，在云南产于丽江、腾冲、昆明、广南等地，海拔 1600 ～ 2100m 地带有栽培，多见于寺庙及庭园。

◎**生境和习性：** 喜光树种，深根性，对气候、土壤的适应性较宽，能在高温多雨及雨量稀少、冬季寒冷的地区生长，但生长缓慢或不良；能生于酸性土壤（pH 4.5）、石灰性土壤（pH 8）及中性土壤上，但不耐盐碱土及过湿的土壤。以海拔 1000m（云南 1500 ～ 2000m）以下，气候温暖湿润，年降水量 700 ～ 1500mm，土层深厚、肥沃湿润、排水良好的地区生长最好，在土壤瘠薄干燥、多石山坡、过度潮湿的地方均不易成活或生长不良。

◎**观赏特性及园林用途：** 银杏树干端直，树冠雄伟壮丽，春夏季叶色嫩绿，秋季变成黄色，颇为美观，可作庭荫树、行道树及风景林，常栽于古刹庭园之中。

急尖长苞冷杉

Abies georgei var. *smithii*

松科　冷杉属

别名：乌蒙冷杉

形态特征：常绿乔木，高达30m；树皮暗灰色，裂成块片脱落；大枝开展，小枝密被褐色或锈褐色毛，一年生枝红褐色或褐色，二、三年生枝褐色或暗褐色。小枝下部之叶排成两列，上部之叶斜上伸展，条形，下部微窄，直或微弯，长1.5～2.5cm，宽2～3.5mm，边缘微向下反卷，先端有凹缺、稀尖或钝，上面绿色，有光泽，下面有2条白色气孔带。球果卵状圆柱形，顶端圆，基部稍宽，无梗，长7～11mm，直径4～5.5mm，熟时黑色；中部种鳞扇状四边形，上部宽圆较厚，边缘内曲，中部楔状，下部两侧耳形，基部窄成短柄；苞鳞较短，与种鳞等长或稍较种鳞为长，先端圆而常微凹，中央有较短的急尖头。种子长椭圆形。

◎**分布：**产云南德钦、贡山、维西、中甸、丽江、鹤庆及云龙等地；四川西南部、西藏东南部也有分布。

◎**生境和习性：**生于海拔2600～4100m的高山地，成纯林或与长苞冷杉、川滇冷杉、中甸冷杉等组成混交林。

◎**观赏特性及园林用途：**四季常绿，树干端直，枝叶茂密，球果紫黑显著，可用于庭院绿化及风景林营造。

华山松

Pinus armandii

松科　松属

别名：果松，青松，葫芦松

形态特征：乔木，高达35m，胸径1m；幼树树皮平滑，灰绿色或淡灰色，老则呈灰色，开裂成方形或长方形厚块片固着于树干；树冠圆锥形或柱状塔形；一年生枝绿色或灰绿色，无毛，微被白粉；冬芽近圆柱形，褐色。针叶5针一束，稀6～7针一束，长8～15cm。球果圆锥状长卵圆形，长10～20cm，直径5～8cm，梗长2～3cm，熟时褐黄色或淡黄褐色，种鳞张开，鳞盾斜方形或宽三角状斜方形，先端钝圆或钝尖，不反曲或微反曲；鳞脐顶生，微小，不显著；种子卵形或卵圆形，无翅或两侧及顶端具棱脊。滇中地区花期4～5月，果期翌年9～10月。

◎**分布：**产云南德钦、贡山、中甸、维西、丽江、碧江、洱源、漾濞、大理、凤庆、景东、禄劝、富民、嵩明、昆明、安宁、路南、文山等地；山西南部、河南西南部、陕西秦岭以南、甘肃南部、四川、湖北西部、贵州中部及西北部、西藏雅鲁藏布江下游都有分布。

◎**生境和习性：**分布海拔1600～3300m，而以2100～2800m地带分布比较集中，生长也较好，组成单纯林或与其他针叶树种、栎类树种成混交林。喜温凉湿润的环境，天然分布常见于阴坡、半阴坡或沟谷土壤深厚湿润处，稍耐干旱瘠薄。

◎**观赏特性及园林用途：**高大挺拔，针叶苍翠，冠形优美，是优良的庭院绿化树种。在园林中可用作园景树、庭荫树、行道树及林带树，亦可用于丛植、群植，并为高山风景区之优良风景林树种。

云南松

Pinus yunnanensis

松科　松属

别名： 青松，飞松，长毛松

形态特征： 乔木，高达 30m；树皮褐灰色，深裂成不规则较厚的鳞状块片脱落；一年生枝粗壮，淡红褐色，无毛；二、三年生小枝小的苞片状鳞叶常脱落，露出红褐色内皮；冬芽圆锥状卵圆形，粗大，红褐色。针叶通常 3 针一束，极少 2 针一束，长 10 ～ 30cm，柔软，稍下垂；叶鞘宿存。球果圆锥状卵圆形，长 5 ～ 11cm，梗长约 5mm，熟时栗褐色或黄褐色；鳞盾通常肥厚隆起，稀反卷，有横脊；鳞脐微凹或微隆起，有短刺；种子近卵圆形或倒卵形，微扁，长 4 ～ 5mm，连翅长 1.6 ～ 1.9cm。花期 4 ～ 5 月，果期翌年 10 ～ 11 月。

◎**分布：** 在云南分布甚广，东至富宁、南至蒙自及普洱，西至腾冲，北至中甸以北，其中以金沙江中游、南盘江中下游及元江上游最为密集；西藏东南部，四川泸定、天全以南，贵州毕节以西，广西凌乐、天峨、南丹、上思等地也都有分布。

◎**生境和习性：** 垂直分布于海拔 1000 ～ 2800（～ 3000）m，多组成纯林或混交林，生长良好。为喜光性强的深根性树种，适应性能强，能耐冬春干旱气候及瘠薄土壤，能生于酸性红壤、红黄壤及棕色森林土或微石灰性土壤上。

◎**观赏特性及园林用途：** 高大雄伟，姿态古奇，四季常青，适应性强，抗风力强，适宜山地造林，也适合在庭前、亭旁、假山之间孤植。

云南油杉

Keteleeria evelyniana

松科　油杉属

别名： 杉松，云南杉松，松壳洛树

形态特征： 乔木，高达 40m；树皮粗糙，暗灰褐色，不规则深纵裂；枝条粗壮，一年生枝粉红色或淡褐红色，有毛；二年生以上的小枝成不规则薄片状开裂至剥落，灰褐色或红褐色，无毛。叶条形，长 2 ～ 6.5cm，宽 2 ～ 3（～ 3.5）mm，先端具微凸的钝尖头，基部楔形；上面光绿色，中脉两侧每边各有 2 ～ 10 条完全或不完全的气孔线，稀无气孔线；下面中脉两侧各有 14 ～ 19 条白色气孔线。果圆柱形，长 9 ～ 20cm，直径 4 ～ 6.5cm，熟时灰褐色，中部的种鳞卵状斜方形或斜方状卵形，上部较窄，向外反曲，边缘有细小锯齿；苞鳞先端呈不规则的 3 裂，中裂片明显，侧裂近圆形。花期 4 ～ 5 月，果期 10 ～ 11 月。

◎**分布：** 我国特有树种，产云南西北部、中部至南部，在昆明温泉附近山上可见成片纯林或混交林；贵州西部及西南部、四川西南部安宁河流域至西部大渡河流域海拔 700 ～ 2600m 的地带也有。

◎**生境和习性：** 生于海拔 1200 ～ 1600m 的地带。喜光，不耐庇荫，较抗旱，在土层深厚湿润处生长旺盛。

◎**观赏特性及园林用途：** 四季常绿，树干端直，枝叶茂密，球果显著，常栽培作庭园观赏树种和城市行道树。

蓑衣油杉

Keteleeera evelyniana var. *pendula*

松科　油杉属

别名： 蓑衣龙树

形态特征： 云南油杉的一个变种，其枝叶、球果、种子和树皮酷似云南油杉，奇特的是树干弯曲，主侧枝像垂柳一样由顶端向下弯曲悬垂。

◎**分布：** 为云南特有珍稀树种，仅分布于中国云南省华宁县。

◎**生境和习性：** 生于较干燥的耕地边和路旁，海拔1600～1800m。喜阳，不耐低温和高温，怕涝。

◎**观赏特性及园林用途：** 树干弯曲，主侧枝像垂柳一样由顶端向下弯曲悬垂至地面，外观恰似披在树上的一床床绿色毛毯，几乎把树干全部遮盖，微风吹来，枝条迎风飘荡，甚是美观，是极好的庭院绿化树种和桩景树。

丽江云杉

Picea likiangensis

松科　云杉属

别名： 丽江杉，铁皮子树，忍子

形态特征： 常绿乔木，高达 50m；树皮深灰色或灰褐色，深裂成不规则的厚块片；枝条平展，树冠塔形；小枝常有疏生短柔毛，一年生枝淡黄色或淡褐黄色，二、三年生枝灰色或微带黄色；冬芽圆锥形、卵状圆锥形或球形。小枝上部的叶近直伸或向前伸展，小枝下部及两侧的叶向上弯伸，叶棱状条形或扁四棱形，直或微弯，长 0.6 ~ 1.5cm，宽 1 ~ 1.5mm，先端尖或钝尖，上（腹）面每边有白色气孔线 4 ~ 7 条，下（背）面每边有 1 ~ 2 条气孔线。球果卵状长圆形或圆柱形，成熟前红褐色或黑紫色，熟时褐色，淡红褐色、紫褐色或黑紫色，长 7 ~ 12cm，直径 3.5 ~ 5cm；中部种鳞菱状卵形，边缘有细缺齿，稀呈微波状；种子灰褐色，近卵圆形。

◎**分布：** 产云南德钦、中甸、丽江、永宁等地；四川西南部高山也有分布。

◎**生境和习性：** 生长于海拔 2300 ~ 3800m 的地区，组成大面积单纯林或与其他针叶树种组成混交林。

◎**观赏特性及园林用途：** 四季常绿，树干端直，枝叶茂密，球果显著，常栽培作庭园观赏树种和城市行道树。

杉　　木

Cunninghamia lanceolata

杉科　杉木属

别名：沙木，沙树，正杉

形态特征：常绿乔木，高达 30m；幼树树冠尖塔形，大树树冠圆锥形，树皮灰褐色，裂成长条片脱落，内皮淡红色；大枝平展，小枝近对生或轮生，常成二列状，幼枝绿色，光滑无毛；冬芽近圆形，有小型叶状的芽鳞，花芽圆球形、较大。叶在主枝上辐射伸展，侧枝之叶基部扭转成二列状，披针形或条状披针形，通常微弯、呈镰状，革质、坚硬，长 2～6cm，宽 3～5mm，边缘有细缺齿，上面深绿色，两侧有窄气孔带，微具白粉或白粉不明显，下面淡绿色，沿中脉两侧各有 1 条白粉气孔带；老树之叶上面无气孔线。雄球花圆锥状，通常 40 余个簇生枝顶；雌球花单生或 2～3（～4）个集生，绿色。球果卵圆形，长 2.5～5cm，直径 3～4cm。

◎**分布：**产云南红河、蒙自、金平、屏边、河口、文山、西畴、马关、广南、富宁、腾冲、景东、昆明、禄劝、大理、华坪、会泽、昭通、威信、镇雄等地。

◎**生境和习性：**在滇东南多分布于海拔 1000m 以下，滇中及以北地区多分布于海拔 1600～2300m 地带，最高可达 2900m。喜温暖湿润气候及深厚、肥沃、排水良好的酸性土壤，不耐水淹和盐碱，在阴坡生长较好。浅根性，生长快。

◎**观赏特性及园林用途：**高大挺拔，四季常青，多用作荒山绿化和防护林。

侧 柏

Platycladus orientalis

柏科 侧柏属

别名：扁柏，香柏，黄柏

形态特征：乔木，高达 20 多米；树皮淡灰褐色或深灰色，纵裂成薄的长条片；幼树树冠卵状尖塔形，老则呈扁圆形；生鳞叶的小枝扁平，向上直展或斜展。鳞叶形小，长 1～1.5mm；两侧的叶对折呈船形，近斜三角状卵形，长 1.5～3mm，先端微内曲，背部有棱脊。雄球花卵圆形，长约 2mm；雌球花近球形，直径约 2mm，蓝绿色，被白粉，常向下弯曲。球果近卵圆形，长 1.5～2.0（～2.5）cm，成熟前近肉质，蓝绿色，被白粉，成熟时木质，干后转红褐色或褐色，开裂，中间的 2 对种鳞倒卵形或椭圆形，上部较肥厚，鳞背顶端下方有一向外反卷的钩状尖头；基部的 1 对种鳞极小，有时退化而不显著；种子卵圆形或近椭圆形。

◎**分布：**产云南德钦、维西、丽江、大理、凤仪、漾濞、禄劝、嵩明、昆明、易门，往南至峨山、蒙自、金平、砚山、文山、麻栗坡、广南及西双版纳勐海；内蒙古南部、吉林、辽宁、河北、山西、山东、江苏、浙江、福建、安徽、江西、河南、陕西、甘肃、四川、贵州、湖北、湖南、广东、广西北部等省区，西藏堆龙德庆、达孜等地都有栽培。各地庭园及寺庙、墓地常习见，有的树龄达 500 年以上。

◎**生境和习性：**生于海拔 1800～3400m 的地带，海拔 1000m 地带也有分布，在云南金平可见生于 360m 处。喜光，幼时稍耐荫，适应性强，对土壤要求不严，在酸性、中性、石灰性和轻盐碱土壤中均可生长。耐干旱瘠薄，耐寒。萌芽性强、耐修剪、寿命长，抗烟尘，抗二氧化硫、氯化氢等有害气体。

◎**观赏特性及园林用途：**树形挺拔美丽，四季常绿，多用于寺庙、墓地、纪念堂馆和园林绿篱，也可用于盆景制作。

刺　柏

Juniperus formosana

柏科　刺柏属

别名：山刺柏，台桧，刺松

形态特征：乔木，高达12m；树冠塔形或圆柱形；大枝斜展或直展，小枝下垂，三棱形。三叶轮生，条状刺形或条状披针形，先端渐尖有锐尖头，长1.2～2.0cm，宽1.2～2.0mm，上（腹）面稍凹，中脉绿色，两侧各有一条白色（稀紫色或淡绿色）气孔带，气孔带较绿色边带为宽，在叶的先端汇合为一条，下（背）面绿色，有光泽，具纵钝脊。球果近球形或宽卵圆形，长6～10mm，直径6～9mm，熟时淡红褐色，被白粉或白粉脱落，顶端有3条辐射状的皱纹及3个钝头，间或顶部微张开，常有3种子；种子半月圆形，具3～4棱脊，顶端尖，近基部有3～4树脂槽。

◎**分布：**产云南德钦、丽江、剑川、鹤庆、洱源、漾濞、宾川、东川、禄劝、寻甸、安宁、昆明等地，分布普遍。为我国特有树种。

◎**生境和习性：**分布于海拔1800～2800m的地带，喜光，耐干燥，多散生杂木林中。

◎**观赏特性及园林用途：**刺柏树形美观，四季常青，多栽培作园景树，也可作风景区造林树种。

翠　柏

Calocedrus macrolepis

柏科　翠柏属

别名： 翠柏，大鳞肖楠，长柄翠柏

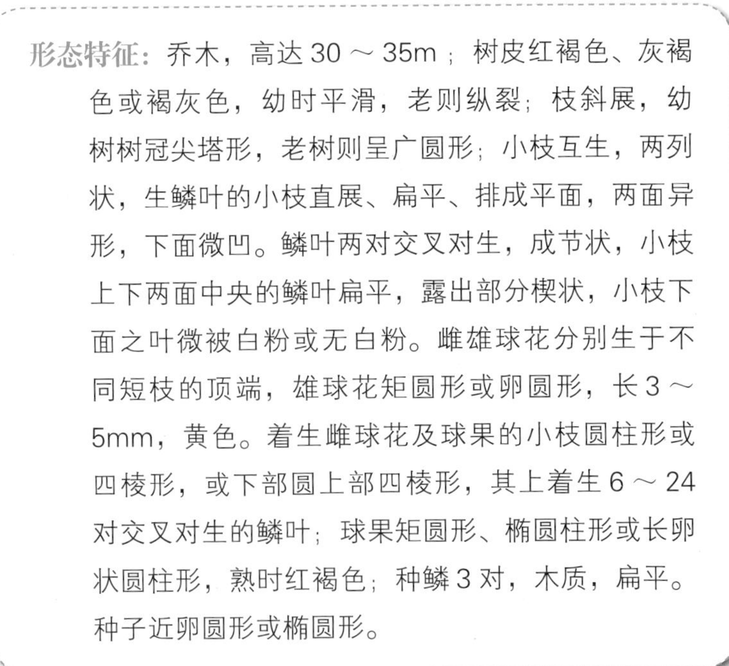

形态特征： 乔木，高达 30 ～ 35m；树皮红褐色、灰褐色或褐灰色，幼时平滑，老则纵裂；枝斜展，幼树树冠尖塔形，老树则呈广圆形；小枝互生，两列状，生鳞叶的小枝直展、扁平、排成平面，两面异形，下面微凹。鳞叶两对交叉对生，成节状，小枝上下两面中央的鳞叶扁平，露出部分楔状，小枝下面之叶微被白粉或无白粉。雌雄球花分别生于不同短枝的顶端，雄球花矩圆形或卵圆形，长 3 ～ 5mm，黄色。着生雌球花及球果的小枝圆柱形或四棱形，或下部圆上部四棱形，其上着生 6 ～ 24 对交叉对生的鳞叶；球果矩圆形、椭圆柱形或长卵状圆柱形，熟时红褐色；种鳞 3 对，木质，扁平。种子近卵圆形或椭圆形。

◎**分布：** 产于云南昆明、易门、龙陵、禄丰、石屏、元江、墨江、思茅、允景洪等地。越南、缅甸也有分布。

◎**生境和习性：** 分布于海拔 1000 ～ 2000m 的地带，成小面积纯林或散生于林内，或为人工纯林。

◎**观赏特性及园林用途：** 树形美观，四季常青，生长快，为造林树种、城镇绿化与庭园观赏树种。

福建柏

Fokienia hodginsii

柏科　福建柏属

别名：建柏，阴沉木，广柏

形态特征：常绿乔木，高达 25m；树皮紫褐色，平滑。鳞叶较大，幼树及萌枝上中央的叶呈楔状倒披针形，通常长 4 ～ 7mm，宽 1 ～ 1.2mm，上面蓝绿色，下面具两条凹陷的白色气孔带；两侧的叶近长椭圆形，多少斜展，先端呈三角状，渐尖或微急尖，下面有一凹陷的白色气孔带；果枝或成龄树上的叶较小，两侧之叶长 2 ～ 7mm，先端稍内曲，急尖或微钝，常较中央之叶稍长或近于等长。球果熟时褐色，直径 2 ～ 2.5cm，种鳞顶部多角形；种子具 3 ～ 4 棱，有种翅。

◎**分布：**产云南安宁、威信、镇雄、金平、屏边、文山、马关、西畴等地；浙江南部、福建、江西井冈山、湖南南部、广东北部、广西、四川、贵州等地也有分布。越南北部也有分布。

◎**生境和习性：**分布于海拔 800 ～ 1800m 的地带，散生于常绿润叶林内或成小面积纯林，多生于温暖湿润的山地。喜光，稍耐荫，喜温暖多雨气候及酸性土壤。适应性强，生长较快，有较强的抗风能力。

◎**观赏特性及园林用途：**树形优美，树干通直，是庭园绿化的优良树种。

高山柏

Sabina squamata

柏科　圆柏属

别名：柏香，铺地柏，岩刺柏

形态特征： 直立或匍匐小灌木，高 0.3～3m，稀成高 5～10m 的小乔木；枝条斜伸或平展，暗褐色或微带紫色或黄色，成不规则的薄片脱落；小枝直伸或弧状弯曲，枝梢俯垂或伸展。刺叶三枚交叉轮生，排列疏松，通常斜伸或平展，下延部分露出；叶披针形或窄披针形，直或微曲，上（腹）面稍凹，具白粉带，绿色中脉不明显或较明显，下（背）面拱凸具钝纵脊，沿脊有细纵槽。雌雄异株；雄球花卵圆形，长 3～4mm。球果卵圆形或近球形，幼时绿色或黄绿色，熟后黑色或蓝黑色，无白粉，内只具一粒种子；种子卵圆形或锥状球形。

◎**分布：** 产云南德钦、贡山、中甸、维西、丽江、碧江、永宁、剑川、鹤庆、漾濞、大理、宾川、景东、禄劝；西藏、贵州、四川、甘肃南部、陕西南部、湖北西部、安徽黄山、福建及台湾等省区也有分布。

◎**生境和习性：** 分布于海拔 2500～4400m 的地带，多在 3000m 以上，多见于高山地带，在上段组成灌木丛，常在阳坡形成密丛，在下段生于冷杉林、落叶松林、栎林或杂木林、灌木丛中，或成小面积纯林。

◎**观赏特性及园林用途：** 为匍匐状灌木，四时青翠，自然形态美观，造型容易，是庭园绿化或制作盆景的好材料。

昆明柏

Sabina gaussenii

柏科　圆柏属

形态特征：小乔木，高约8m，或为灌木；枝直伸或斜展，圆柱形，树皮暗褐色，裂成薄片剥落。叶全为刺形，长短不一；生于小枝下部的叶较短，交叉对生或三叶交叉轮生，鳞状刺形，近直伸或上部斜展，长2～4.5mm，先端渐尖成角质锐尖头，下（背）面常有棱脊，有的叶近基部处凹陷，有斜方状或长圆形的腺体；生于小枝上部的叶较长，三叶交叉轮生，刺形，通常斜展，长6～8mm，下（背）面上部有棱脊，中下部常沿中脉凹下成细纵槽。球果形小，生于直或弯曲的小枝顶端，卵圆形，顶端圆或微呈叉状，长约6mm，常被白粉，熟时蓝黑色，有1～2（～3）粒种子；种子卵圆形。

◎**分布：**产云南昆明、玉溪、西畴等地，为我国特有树种。模式标本采自昆明。

◎**生境和习性：**分布于海拔1200～2000m的地带。

◎**观赏特性及园林用途：**树圆柱形，树皮暗褐色。叶全为鳞状刺形，生于小枝下部，近直伸或下部斜展。果球形，被白粉，成熟时蓝黑色。常见栽培为绿篱或庭园观赏树。

龙　柏

Sabina chinensis cv. Kaizuca

柏科　圆柏属

形态特征： 圆柏之变种，高大乔木；树冠圆柱形或柱状塔形；枝条向上伸展，具扭转上升之势；小枝密，在枝端形成几乎等长的密簇；鳞叶排列紧密，幼嫩时淡黄绿色，后呈翠绿色；球果蓝色，微被白粉。

◎**分布：** 云南全省各地均有栽培。

◎**生境和习性：** 喜阳，稍耐阴。喜温暖、湿润环境，抗寒，抗干旱，忌积水，排水不良时易产生落叶或生长不良。适生于干燥、肥沃、深厚的土壤，对土壤酸碱度适应性强，较耐盐碱。对氧化硫和氯抗性强，但对烟尘的抗性较差。

◎**观赏特性及园林用途：** 树形自然而丰满、叶片翠绿，公园绿篱首选，也适合植于草坪绿地、建筑周围、墓地和高速公路中央隔离带。

塔　柏

Sabina chinensis cv. Pyramidalis

柏科　圆柏属

别名：三仙柏

形态特征：圆柏之变种，直立乔木；树冠圆柱形或圆柱状尖塔形；枝条向上伸展，密生；叶多为刺形，长 4 ～ 10mm，稀间有鳞叶。

◎**分布：**云南全省各地有栽培。

◎**生境和习性：**耐寒，耐修剪，忌水涝。

◎**观赏特性及园林用途：**树形尖耸挺拔、叶片翠绿，公园绿篱首选，也适合植于草坪绿地、建筑周围、墓地和高速公路中央隔离带。

罗汉松

Podocarpus macrophllus

罗汉松科　罗汉松属

别名：罗汉杉，土杉

形态特征：乔木，高达20m，胸径60cm；树皮深灰色至灰褐色，薄片状脱落。叶条形至条状披针形，微弯，螺旋状排列，常集生于小枝上部，长7～12cm，宽7～10mm，上部微渐窄，先端短渐尖或尖，基部楔形，两面中脉隆起；叶上面光绿色，下面淡绿色。雄球花常3～5（～7）穗簇生极短的总梗上。种子卵圆形，直径约1cm，假种皮熟时紫红色或紫黑色，被白粉。肉质种托圆柱形，红色或紫红色，种柄长1～1.5cm。花期4～5月，果期10～11月。

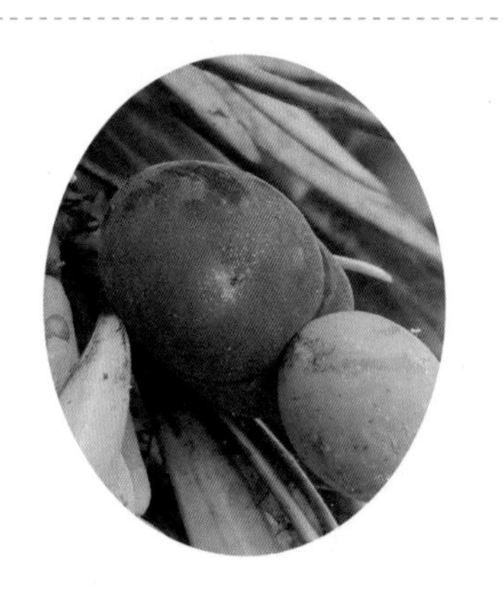

◎**分布：**产云南屏边、麻栗坡岭顶密林中，野生植株少见。

◎**生境和习性：**半阳性树种，在半阴环境下生长良好。喜温暖湿润和肥沃沙质壤土。不耐严寒。

◎**观赏特性及园林用途：**树形古雅，种子与种柄组合奇特，惹人喜爱，南方寺庙、宅院多有种植。可于门前对植，中庭孤植，或于墙垣一隅与假山、湖石相配。也可布置花坛或制作成盆栽陈于室内欣赏。

百日青

Podocarpus neriifolius

罗汉松科　罗汉松属

别名：长叶罗汉松，脉叶罗汉松，竹叶松

形态特征：乔木，高达25m，胸径50cm；树皮灰褐色，条片状纵裂。叶大，螺旋状排列，厚革质，披针形，常微弯，长7～15cm，宽9～13mm，上部渐窄，先端渐尖，萌枝的叶稍宽，有短的尖头，基部楔形，有短柄，叶上面具明显隆起的中脉，仅叶下面有气孔线。雄球花单生或2～3穗簇生叶腋，长2.5～5cm，具短梗；雌球花单生叶腋，梗长3～24mm。种子球形至卵圆形，直径1～1.6cm，熟时肉质假种皮紫红色，肉质种托橘红色，长约11mm，梗长9～22mm。花期4～5月，果期10～11月。

◎**分布：**产云南富宁、西畴、麻栗坡、屏边、双江及勐海、景洪。

◎**生境和习性：**分布于海拔500～1800m的地带，多生于混交林中。

◎**观赏特性及园林用途：**叶细长下垂，四季苍翠，常植于庭园观赏，也是很好的行道树。

南方红豆杉

Taxus wallichiana var. *mairei*

红豆杉科　红豆杉属

别名： 美丽红豆杉，杉公子，赤推

形态特征： 乔木或大灌木；叶常较宽长，多呈弯镰状，通常长 2 ～ 3.5（～ 4.5）cm，宽 3 ～ 4（～ 5）mm，上部常渐窄，先端渐尖，下面中脉带上无角质乳头状突起点，或局部有成片或零星分布的角质乳头状突起点，或与气孔带相邻的中脉带两边有一至数条角质乳头状突起点，中脉带明晰可见，其色泽与气孔带相异，呈淡黄绿色或绿色，绿色边带亦较宽而明显；种子通常较大，微扁，多呈倒卵圆形，上部较宽，稀柱状矩圆形，长 7 ～ 8mm，直径 5mm，种脐常呈椭圆形。

◎**分布：** 产云南德钦、贡山、中甸、维西、丽江、云龙、昭通、镇雄、东川等地。

◎**生境和习性：** 生于海拔 2000 ～ 3500m 的地带。

◎**观赏特性及园林用途：** 枝叶浓郁，树形优美，种子成熟时果实满枝逗人喜爱。适合在庭园一角孤植点缀，亦可在建筑背阴面的门庭或路口对植，山坡、草坪边缘、池边、片林边缘丛植。宜在风景区作中下层树种与各种针阔叶树种配置。

黄　兰

Michelia champaca

木兰科　含笑属

别名：黄玉兰，黄缅桂，大黄桂

形态特征：常绿乔木，高达10余米。枝斜上展，呈狭伞形树冠；芽，嫩枝，嫩叶和叶柄均被淡黄色的平伏柔毛。叶片薄革质，披针状卵形或披针状圆形，长10～20（～25）cm，宽4.5～9cm，先端常渐尖或近尾状，基部阔楔形或楔形，下面稍被微柔毛；叶柄长2～4cm，托叶痕长达叶柄中部以上。花黄色，极香，花被片15～20片，倒披针形，长3～4cm，宽4～5mm；雄蕊的药隔伸出成长尖头；雌蕊群具毛，雌蕊群柄长约3mm。聚合果长7～15cm；蓇葖倒卵状长圆形，长1～1.5cm，有疣状凸起；种子2～4枚，有皱纹。花期6～7月，果期9～10月。

◎**分布：**产云南思茅、西双版纳、临沧、保山、德宏等地；西藏东南部也有分布，福建、台湾、广东、海南、广西有栽培。

◎**生境和习性：**喜温暖、湿润气候，不耐寒，冬季室内最低温度应保持在5℃以上。不耐干旱，忌积水。要求阳光充足。

◎**观赏特性及园林用途：**花芳香，树形优美，为著名观赏树种，用作孤赏树、庭荫树、行道树。

多花含笑

Michelia floribunda

木兰科　含笑属

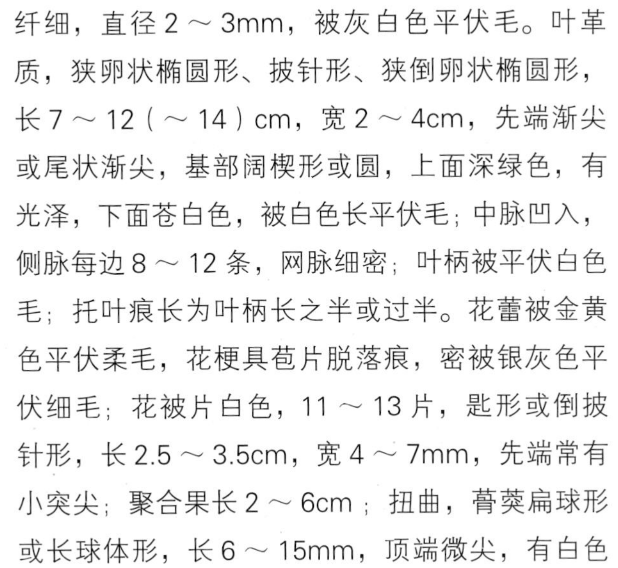

形态特征： 乔木，高达20m，树皮灰色，平滑，幼枝纤细，直径2～3mm，被灰白色平伏毛。叶革质，狭卵状椭圆形、披针形、狭倒卵状椭圆形，长7～12（～14）cm，宽2～4cm，先端渐尖或尾状渐尖，基部阔楔形或圆，上面深绿色，有光泽，下面苍白色，被白色长平伏毛；中脉凹入，侧脉每边8～12条，网脉细密；叶柄被平伏白色毛；托叶痕长为叶柄长之半或过半。花蕾被金黄色平伏柔毛，花梗具苞片脱落痕，密被银灰色平伏细毛；花被片白色，11～13片，匙形或倒披针形，长2.5～3.5cm，宽4～7mm，先端常有小突尖；聚合果长2～6cm；扭曲，蓇葖扁球形或长球体形，长6～15mm，顶端微尖，有白色皮孔。花期2～4月，果期8～9月。

◎**分布：** 产云南贡山、泸水、腾冲、保山、凤庆、临沧、思茅、景东、澜沧、景洪、漾濞、金平、屏边、文山、麻栗坡、广南、西畴、双柏、玉溪、峨山、元江、石林等地；西藏、四川（西南部、中部）、湖北西部（利川）、贵州也有分布。

◎**生境和习性：** 生于海拔1300～2700m的林间。喜温暖阴湿环境。要求土层深厚、排水良好、富含腐殖质的酸性或微酸性土壤。

◎**观赏特性及园林用途：** 树姿优美，花大而美丽，有芳香。为优良的园林绿化树种，可作行道树种植或盆栽观赏。

毛果含笑

Michelia sphaerantha

木兰科　含笑属

别名：球花含笑，贡山含笑

形态特征：常绿乔木，高 5 ～ 16m。树皮灰绿色，光滑；幼枝、托叶背面、叶片两面、叶柄、花梗、苞片、雌蕊群柄和心皮被褐色短毛。叶片薄革质，椭圆形或倒卵状椭圆形，长 16 ～ 22cm，宽 7.5 ～ 10cm，先端急尖或渐尖，基部圆钝，上面绿色，下面苍白色；中脉在上面凹下，在下面显著凸起，侧脉每边 9 ～ 14 条；叶柄长 2 ～ 2.5cm，被柔毛；托叶痕长 3 ～ 4mm。花梗长 3 ～ 3.5cm，具 3 ～ 4 苞片脱落痕；花被片 11 ～ 12，白色，近相似，外轮 3 片倒卵形，基部渐狭，长 5.5 ～ 7.5cm，宽 2.5 ～ 3cm，内 2 轮 8 ～ 9 片倒卵形至匙形，较狭小；雄蕊多数。聚合果长 19 ～ 24cm，成熟蓇葖卵形，两瓣全裂，深褐色，被微白色皮孔。花期 3 月，果期 7 月。

◎**分布：**产云南南涧、景东、楚雄。

◎**生境和习性：**生于海拔 1800 ～ 2000m 的山地杂木林中。

◎**观赏特性及园林用途：**常绿乔木，树冠开展，树姿优美，夏初洁白的花朵满树，秋末成串红色果实悬垂十分美丽，是良好的庭院观赏树种，也可作城市行道树。

黄心夜合

Michelia martini

木兰科　含笑属

别名：马氏含笑

形态特征：常绿乔木，高可达20m，树皮灰色，平滑；嫩枝榄青色，无毛，老枝褐色，疏生皮孔；芽卵圆形或椭圆状卵圆形，密被灰黄色或红褐色竖起长毛。叶革质，倒披针形或狭倒卵状椭圆形，长12～18cm，宽3～5cm，先端急尖或短尾状尖，基部楔形或阔楔形，上面深绿色，有光泽，两面无毛，上面中脉凹下，侧脉每边11～17条，近平行，叶柄无托叶痕。花梗粗短，密被黄褐色绒毛；花淡黄色、芳香，花被片6～8片，外轮倒卵状长圆形，长4～4.5cm，宽2～2.4cm，内轮倒披针形，长约4cm，宽1.1～1.3cm。聚合果长9～15cm，扭曲；蓇葖成熟后腹背两缝线同时开裂，具白色皮孔，顶端具短喙。花期2～3月，果期8～9月。

◎**分布：**产云南广南、麻栗坡、蒙自、屏边等地；广东、广西、贵州、湖北、四川、河南也有分布。

◎**生境和习性：**生于海拔1000～2000m的林间。

◎**观赏特性及园林用途：**树姿秀丽葱郁，花大而有芳香。适于作庭荫树、行道树或风景林的树种。也可盆栽或作切花。

玉　兰

Magnolia denudate

木兰科　木兰属

别名：木兰，玉兰花

形态特征：落叶乔木，高达25m。枝广展形成宽阔的树冠。树皮深灰色，粗糙开裂；小枝稍粗壮，灰褐色；冬芽及花梗密被淡灰黄色长绢毛。叶片纸质，倒卵形、宽倒卵形或倒卵状椭圆形，基部徒长枝上的叶椭圆形，长10～15（～18）cm，宽6～10（～12）cm，先端宽圆、平截或稍凹，具短突尖，中部以下渐狭成楔形，上面深绿色，下面淡绿色，侧脉每边8～10条，网脉明显；叶柄上面具纵沟。花直立，芳香，直径10～16cm；花梗显著膨大，密被淡黄色长绢毛；花被片9，白色，基部常带粉红色，近相似，长圆状倒卵形；雌蕊群淡绿色。聚合果圆柱形，常弯曲；蓇葖厚木质，褐色，具白色皮孔。花期2～3月，果期8～9月。

◎**分布：**产云南景东、丽江、澜沧、大理、思茅、维西。

◎**生境和习性：**生于海拔500～1000m的林中。喜温暖湿润气候，有一定的耐寒性；喜光，喜肥沃、湿润而排水良好的酸性土壤，中性及微碱性土上也能生长，较耐干旱，不耐积水；生长慢。

◎**观赏特性及园林用途：**玉兰花大而洁白、芳香，早春白花满树，十分美丽，是驰名中外的珍贵庭园观花树种，为我国传统名花。花朵开放时朵朵向上，象征着奋发向上的精神，古时多在堂、亭、台、楼、阁前栽植，与金桂对植，寓意“金玉满堂”。在宅院中栽植，与海棠、迎春、牡丹、桂花相配，形成“玉堂春富贵”的吉祥、富贵、如意的寓意。在现代园林中多用作孤赏树、行道树；常与茶花、茶梅、迎春、南天竹等配植，形成早春景观；大型园林中更可开辟玉兰专类园。

山玉兰

Magnolia delavayi

木兰科　木兰属

别名： 菠萝花，优昙花，山菠萝

形态特征： 常绿乔木，高达 12m。树皮灰色或灰黑色，粗糙而开裂。嫩枝榄绿色，被毛，老枝粗壮，具圆点状皮孔。叶片厚革质，卵形、卵状长圆形，长 10（14）～20（～32）cm，宽 5（7）～10（～20）cm，先端圆钝，很少有微缺，基部宽圆，有时微心形，边缘波状，叶面初被卷曲长毛，叶背密被交织长绒毛及白粉，侧脉每边 11～16 条；叶柄长 5～7（～10）cm，初密被柔毛；托叶痕几达叶柄全长。花芳香，杯状，直径 15～20cm；花被片 9～10，外轮 3 片淡绿色，长圆形，向外反卷，内两轮乳白色，倒卵状匙形，内轮的较狭；雌蕊群卵圆形。聚合果卵状长圆体形，长 9～15（～20）cm，蓇葖狭椭球形，背缝线两瓣全裂。花期 4～6 月，果期 8～10 月。

◎**分布：** 产云南贡山、福贡、泸水、维西、丽江、洱源、宾川、云龙、漾濞、保山、施甸、腾冲、龙陵、镇康、永德、景东、牟定、双柏、武定、禄丰、禄劝、昆明、富民、安宁、宜良、石林、峨山、易门、元江、师宗、罗平、蒙自、石屏、建水、绿春、屏边、文山、砚山、麻栗坡等地。

◎**生境和习性：** 生于海拔 1500～2800m 的石灰岩山地阔叶林中或沟边较潮湿的坡地。喜温暖湿润气候，稍耐荫；喜深厚肥沃土壤，也耐干旱和石灰质土，忌水湿；生长较慢，寿命长达千年。

◎**观赏特性及园林用途：** 树冠婆娑，枝繁叶茂，叶大浓荫，花大如荷，芳香馥郁，入夏乳白而芳香的大花衬以翠绿大叶，甚为美丽，是极珍贵的庭园观赏树种，亦为其分布区的重要庭园及造林树种。单植于草坪、庭院、建筑物入口处、林荫道两旁，均可收到很好的布景效果。常植于古刹寺庙入口处或大院里，被称之为佛教圣花。

馨香玉兰

Magnolia odoratissima

木兰科　木兰属

别名：馨香木兰

形态特征：常绿乔木，高5～6m。嫩枝密被白色长毛，小枝淡灰褐色。叶片革质，卵状椭圆形、椭圆形或长圆状椭圆形，长8～14（～30）cm，宽4～7（～10）cm，先端渐尖或短急尖，基部楔形或阔楔形，叶面深绿色，叶背淡绿色，被白色弯曲毛，侧脉每边9～13条；叶柄长1.5～3cm，托叶痕几达叶柄全长。花梗及苞片被淡褐色毛；花直立，花蕾卵圆形；花白色，极芳香，花被片9，凹弯，肉质，外轮3片较薄，倒卵形或长圆形，长5～6m，宽2.5～3cm，中轮3片倒卵形，长5～6cm，宽2～3cm，内轮3片倒卵状匙形，长4～4.5cm，宽2～2.5cm；雌蕊群椭球形，长约2cm，密被绢毛。

◎**分布：**产云南广南，西畴、昆明等地有栽培。

◎**生境和习性：**较耐阴，具有一定耐寒性，在昆明可露地越冬。

◎**观赏特性及园林用途：**树形、花、叶均具有很高观赏价值，是极珍贵的庭园观赏树种。

二乔玉兰

Magnolia soulangeana

木兰科　木兰属

别名：苏郎木兰，朱砂玉兰，紫砂玉兰

形态特征：小乔木，高 6 ～ 10m，小枝无毛。叶纸质，倒卵形，长 6 ～ 15cm，宽 4 ～ 7.5cm，先端短急尖，2/3 以下渐狭成楔形，上面基部中脉常残留有毛，下面多少被柔毛，侧脉每边 7 ～ 9 条，干时两面网脉凸起，叶柄长 1 ～ 1.5cm，被柔毛，托叶痕约为叶柄长的 1/3。花蕾卵圆形，花先叶开放，浅红色至深红色，花被片 6 ～ 9，外轮 3 片花被片常较短约为内轮长的 2/3；雄蕊长 1 ～ 1.2cm，花药长约 5mm，侧向开裂，药隔伸出成短尖，雌蕊群无毛，圆柱形，长约 1.5cm。聚合果长约 8cm，直径约 3cm；蓇葖卵圆形或倒卵圆形，长 1 ～ 1.5cm，熟时黑色，具白色皮孔；种子深褐色，宽倒卵圆形或倒卵圆形，侧扁。花期 2 ～ 3 月，果期 9 ～ 10 月。

◎**分布：**原产于我国，云南昆明等地有栽培。

◎**生境和习性：**与二亲本（玉兰和木兰）相近，但更耐旱，耐寒。

◎**观赏特性及园林用途：**二乔玉兰花大色艳，观赏价值很高，是城市绿化的极好花木。广泛用于公园、绿地和庭园等孤植观赏。国内外庭院中普遍栽培。

红花木莲

Manglietia insignis

木兰科　木莲属

别名：巴东木莲，红花木莲，木莲花

形态特征：常绿乔木，高达30m。小枝无毛或幼嫩时在节上被锈色或黄褐色柔毛。叶片革质，倒披针形、长圆形或长圆状椭圆形，长10～26cm，宽4～10cm，先端渐尖或尾状渐尖，上面无毛，下面中脉具红褐色柔毛或散生平伏微毛；侧脉每边12～24条；叶柄长1.8～3.5cm。花芳香，花梗粗壮，直径8～10mm，具1苞片脱落环痕，花被片9～12，外轮3片褐色，腹面染红色或紫红色，倒卵状长圆形长约7cm，向外反曲，中内轮6～9片，直立，乳白色染粉红色，倒卵状匙形，长5～7cm，1/4以下渐狭成爪；雌蕊群圆柱形，长5～6cm。聚合果鲜时紫红色，卵状长圆形，长7～12cm；蓇葖背缝全裂。花期5～6月，果期8～9月。

◎**分布**：产云南贡山、福贡、泸水、腾冲、保山、龙陵、盈江、临沧、凤庆、景东、镇康、沧源、德钦、漾濞、屏边、石屏、金平、文山、麻栗坡、马关、富宁、广南、双柏、新平、元江、红河、临沧、西双版纳、思茅、蒙自；湖北、湖南、福建、广西、贵州、四川、西藏东南部也有分布。

◎**生境和习性**：生于海拔900～2000m的林间。

◎**观赏特性及园林用途**：树形繁茂优美，叶色浓绿，花色艳丽芳香，为名贵稀有观赏树种。用作行道树、庭荫树和风景林。

木　莲

Manglietia fordiana

木兰科　木莲属

别名：海南木莲，乳源木莲

形态特征：乔木，高达20m。嫩枝及芽有红褐短毛，后脱落无毛。叶片革质，狭倒卵形、狭椭圆状倒卵形或倒披针形，长8～17cm，宽2.5～5.5cm，先端急尖或渐尖，基部楔形，沿叶柄稍下延，边缘稍内卷，侧脉每边8～14条；叶柄长1～3cm，基部稍膨大；托叶痕半椭圆形，长3～4mm。花梗具1环状苞片脱落痕，被红褐色短柔毛。花被片9，3轮，外轮3片带绿色，近革质，长圆状椭圆形或倒卵状长圆形，长5.5～7cm，宽2.5～4cm，内2轮的稍小，白色，常肉质，匙形至倒卵形，长4～6cm，宽1.5～3cm，基部具爪；雌蕊群卵形至近球形。聚合果褐色，卵球形或不规则形，长2～6cm；种子红色。花期5月，果期10月。

◎**分布：**产云南广南、富宁、西畴、麻栗坡、马关、金平、景东；分布于安徽、浙江、福建、海南、广东、广西、贵州。

◎**生境和习性：**生于海拔500～1300m的亚热带常绿阔叶林中。

◎**观赏特性及园林用途：**树冠浑圆，枝叶并茂，绿荫如盖，典雅清秀，初夏盛开玉色花朵，秀丽动人。于草坪、庭园或名胜古迹处孤植、群植，能起到绿荫庇夏，寒冬如春的功效。

大果木莲

Manglietia grandis

木兰科　木莲属

别名：黄心绿豆

形态特征: 乔木，高达12m；小枝粗壮，淡灰色，无毛。叶片革质，椭圆状长圆形或倒卵状长圆形，长20～35cm，宽10～13cm，先端钝尖或短突尖，基部阔楔形，两面无毛，上面有光泽，下面有乳头状突起，常灰白色；侧脉每边17～26条，干时两面网脉明显；叶柄长2.6～4cm；托叶无毛，托叶痕约为叶柄长的1/4。花红色，花被片12，外轮3片较薄，倒卵状长圆形，长9～11cm，具7～9条纵纹，内3轮肉质，倒卵状匙形，长8～12cm，宽3～6cm；雌蕊群卵球形。聚合果长卵球形，长10～12cm，成熟蓇葖沿背缝线及腹缝线开裂。花期5月，果期9～10月。

◎**分布：** 产云南马关、河口、西畴、麻栗坡、西双版纳、景东；广西也有分布。

◎**生境和习性：** 生于海拔800～1800m的山谷密林中。

◎**观赏特性及园林用途：** 叶大亮绿，花大色艳，树形优美，是城市、庭园、道路绿化非常珍贵的优良树种。

大叶木莲

Manglietia megaphylla

木兰科　木莲属

别名：大毛叶木莲，绿豆树

形态特征：乔木，高达 30～40m，胸径 80～100cm；小枝、叶下面、叶柄、托叶、果柄、佛焰苞状苞片均密被锈色长绒毛。叶片革质，常 5～6 片集生于枝顶，倒卵形，先端短尖，2/3 以下渐狭，基部楔形，长 25～50cm，宽 10～20cm，上面无毛，侧脉每边 20～22 条；叶柄长 2～3cm；托叶痕长为叶柄的 1/3～2/3。花梗粗壮，紧靠花被片下具 1 厚约 3mm 的佛焰苞状苞片；花被片 9～10，厚肉质，3 轮，外轮 3 片倒卵状长圆形，长 4.5～5cm，宽 2.5～2.8cm，腹面约具 7 条纵纹，内面 2 轮较狭小；雄蕊群被长柔毛；雌蕊群卵圆形，无毛。聚合果卵球形或椭球状卵形，长 6.5～11cm；蓇葖沿腹缝线和背缝线开裂。花期 6 月，果期 9～10 月。

◎**分布：**产云南西畴、麻栗坡、景东、双柏；广西也有分布。

◎**生境和习性：**生于山地林中、沟谷两旁，海拔 450～1500m。

◎**观赏特性及园林用途：**叶大常绿，花大色艳，树形优美，是城市、庭园、道路绿化非常珍贵的优良树种。

马关木莲

Manglietia maguanica

木兰科　木莲属

◎**分布**：产于云南西双版纳、景东；贵州望谟有分布。

◎**生境和习性**：生于海拔 1600 ～ 2180m 的常绿阔叶林中。

◎**观赏特性及园林用途**：树形挺拔优美，花色红艳美丽，叶大常绿，可作庭院观赏。

形态特征：常绿乔木，高约 18m，胸径 60cm；小枝绿色，干后褐色，无毛。叶革质，披针形，长圆状披针形或椭圆形，长 24 ～ 30cm，宽 5.6 ～ 7.5cm，顶端急尖或渐尖，基部楔形，上面亮绿，下面苍绿，幼时被白粉，两面均无毛；中脉在上面稍凹陷，在下面显著凸起，侧脉每边 14 ～ 18 条，小脉连成网状，干后可见；叶柄无毛，长 3.2 ～ 3.5cm，托叶痕为叶柄长的 1/3 ～ 1/2，托叶顶端被疏毛。花大，芳香，单生枝顶；花被片 9，倒卵状匙形，外轮 3 片紫红色带绿，内 2 轮 6 片中上部紫红色，基部白色；雌蕊群椭圆体形。聚合果卵状圆筒形，长 7.5 ～ 11cm，熟时深褐色；蓇葖背面。花期 3 ～ 5 月，果熟期 8 ～ 10 月。

云南拟单性木兰

Parakmeria yunnanensis

木兰科　拟单性木兰属

别名：缎子木兰，缎子绿豆树，云南拟克林丽木

形态特征：常绿乔木，高达30m。树皮灰白色，光滑不裂。叶片薄革质，卵状长圆形或卵状椭圆形，长6.5～15（～20）cm，宽2～5cm，先端短渐尖或渐尖，基部阔楔形或近圆形，上面绿色，下面浅绿色，嫩叶紫红色，侧脉每边7～15条，两面网脉明显；叶柄长1～2.5cm。花雄花两性花异株，芳香；雄花：花被片12，4轮，外轮红色，倒卵形，长约4cm，宽约2cm，内3轮白色，肉质，狭倒卵状匙形，长3～3.5cm，基部渐狭成爪状；雄蕊约30枚；两性花：花被片与雄花同而雄蕊极少，雌蕊群卵圆形，绿色聚合果长圆状卵圆形，长约6cm，蓇葖菱形，熟时背缝开裂；外种皮红色。花期5月，果期9～10月。

◎**分布：**产云南屏边、金平、西畴、麻栗坡；广西也有分布。

◎**生境和习性：**生于海拔1200～1500m的山谷密林中。生长迅速，适应性强。喜温暖湿润气候，能抗41℃的高温和耐–12℃的严寒。喜土层深厚、肥沃、排水良好的土壤，在酸性、中性和微碱性土壤中都能正常生长。喜光，但苗期应注意搭棚遮荫。

◎**观赏特性及园林用途：**树干通直，叶厚革质，叶色亮绿，春天新叶深红色，初夏开白花清香远溢，秋季果实红艳夺目，且对有毒气体有较强的抗性。花形美丽，略有香味，是优良的绿化树种，适于公园、路旁种植，是布置庭院的优良树种，无论孤植、丛植或作行道树，均十分合适。

檫　木

Sassafras tzumu

樟科　檫木属

别名：檫树，鹅脚板，花楸树

形态特征：落叶乔木，高可达35m；树皮幼时黄绿色，平滑，老时变灰褐色，呈不规则纵裂。枝条粗壮，近圆柱形，多少具棱角。叶互生，聚集于枝顶，卵形或倒卵形，长9～18cm，宽6～10cm，先端渐尖，基部楔形，全缘或2～3浅裂，裂片先端略钝，坚纸质，上面绿色，晦暗或略光亮，下面灰绿色，羽状脉或离基三出脉，中脉、侧脉及支脉两面稍明显，最下方一对侧脉对生，十分发达，向叶缘一方生出多数支脉。花序顶生，先叶开放，长4～5cm，多花，具梗。花黄色，长约4mm，雌雄异株。果近球形，直径达8mm，成熟时蓝黑色而带有白蜡粉，着生于浅杯状的果托上，上端渐增粗，无毛。花期3～4月，果期5～9月。

◎**分布：**产云南东北部（镇雄、威信）及东南部（文山、麻栗坡）；分布于浙江、江苏、安徽、江西、福建、广东、广西、湖南、湖北、四川及贵州等省区。

◎**生境和习性：**常生于疏林或密林中，海拔150～1900m。喜光，喜温暖湿润气候及深厚、肥沃、排水良好的酸性土壤，不耐旱，忌水湿，深根性，生长快。

◎**观赏特性及园林用途：**叶形奇特，秋季变红；春开黄花，且先于叶开放，花、叶均具有较高的观赏价值，可用于庭园、公园栽植或用作行道树、山区造林绿化，也是行道绿化或城郊风景林的理想选材。

山鸡椒

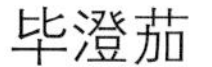

Litsea cubeba

樟科　木姜子属

别名：山苍树，木姜子，毕澄茄

形态特征：落叶灌木或小乔木，高达8～10m；幼树树皮黄绿色，光滑，老树树皮灰褐色。枝、叶具芳香味。顶芽圆锥形，外面具柔毛。叶互生，披针形或长圆形，长4～11cm，宽1.1～2.4cm，先端渐尖，基部楔形，纸质，上面深绿色，下面粉绿色，两面均无毛，羽状脉，侧脉每边6～10条。伞形花序单生或簇生，总梗细长，长6～10mm；每一花序有花4～6朵，先叶开放或与叶同时开放，花被裂片6。果近球形，直径约5mm，无毛，幼时绿色，成熟时黑色，果梗长2～4mm，先端稍增粗。花期2～3月，果期7～8月。

◎**分布：**在云南省除高海拔地区外，大部分地区均有分布，以南部地区为常见；广东、广西、福建、台湾、浙江、江苏、安徽、湖南、湖北、江西、贵州、四川、云南、西藏等地也有分布。

◎**生境和习性：**生于向阳的山地、灌丛、疏林或林中路旁、水边，海拔500～3200m。

◎**观赏特性及园林用途：**花、叶均具有较高的观赏价值，可用于庭园、公园栽植或用作行道树。

长梗润楠

Machilus longipedicellata

樟科　润楠属

别名： 树八咱，臭樟树

形态特征： 常绿乔木，一般高 3 ～ 8m。枝条圆柱形，有纵向条纹。叶互生，疏离或聚生于枝顶，椭圆形、长圆形或倒卵形至倒卵状长圆形，长 6.5 ～ 15（～ 20）cm，宽 2.5 ～ 5cm，先端渐尖，尖头钝或近急尖，基部楔形，薄革质，上面绿色，光亮，无毛，下面淡绿或灰绿色，近无毛至被极短的绢状小柔毛，中脉在上面凹陷，下面凸起，侧脉每边 12 ～ 16 条，两面多少明显，横脉及小脉网状，两面略呈蜂巢状小窝穴。聚伞状圆锥花序多数，生于短枝下部。花淡绿黄、淡黄至白色；花被外面近无毛至密被极短绢状小柔毛，内面被绢状小柔毛，筒倒锥形。果球形，直径 0.9 ～ 1.2cm；宿存花被片反折；果梗红色。花期 5 ～ 6 月，果期 8 ～ 10 月。

◎**分布：** 产云南中部至西北部；四川西南部也有分布。

◎**生境和习性：** 生于沟谷杂木林中，海拔 2100 ～ 2800m。

◎**观赏特性及园林用途：** 树形优美，叶片光亮，是理想的道路、公园、庭院、住宅区等绿化树种。

粗壮润楠

Machilus robusta

樟科　润楠属

形态特征： 乔木，高 3 ～ 15（～ 20）m；树皮粗糙，黑灰色。枝条粗壮，圆柱形，具纵向细沟纹。叶互生，狭椭圆状卵形至倒卵状椭圆形或近长圆形，先端近急尖，有时短渐尖，基部近圆形或宽楔形，厚革质，上面绿色，下面粉绿色，两面无毛，中脉在上面凹陷，下面十分凸起，变红色，侧脉每边（5）7 ～ 9 条，上面近平坦，下面凸起，弧曲上升，在叶缘之内网结。圆锥花序生于枝顶和先端叶腋，多数聚集，多花，分枝，粗壮。花长 7 ～ 8（～ 10）cm，灰绿、黄绿或黄色，花梗长 5 ～ 8mm，带红色；花被片 6，近等大，卵圆形至卵圆状披针形。果球形，直径 2.5 ～ 3cm，未成熟时深绿色，成熟时蓝黑色；果梗增粗，粗达 3mm，深红色。花期 1 ～ 4 月，果期 4 ～ 6 月。

◎**分布：** 产云南南部；贵州南部、广西、广东也有分布；缅甸北部有分布。

◎**生境和习性：** 生于常绿阔叶林或开旷的灌丛中，海拔 1000 ～ 1800（2100）m。

◎**观赏特性及园林用途：** 果梗粗壮红色，叶片光亮，树形挺拔，四季常绿，适合庭院种植。

滇润楠

Machilus yunnanensis

樟科　润楠属

别名： 滇楠，云南楠木，滇桢楠

形态特征： 常绿乔木，高达30m。枝条圆柱形，具纵向条纹，幼时绿色，老时灰褐色，无毛。叶互生，疏离，倒卵形或倒卵状椭圆形，间或椭圆形，长7～9cm，宽3.5～4cm，先端短渐尖，尖头钝，基部楔形或宽楔形，两侧有时不对称，革质，上面绿色或黄绿色，光亮，下面淡绿或粉绿色，干时常带浅棕色，两面完全无毛，边缘软骨质而背卷，中脉在下面明显凸起，侧脉每边7～9条。圆锥花序由1～3花聚伞花序组成，花序长3.5～7cm，多数，生于短枝下部。花淡绿、黄绿或黄至白色。果卵球形，长达1.4cm，宽1cm，先端具小尖头，熟时黑蓝色，具白粉；宿存花被片不增大。花期4～5月，果期6～10月。

◎**分布：** 产云南中部、西部至西北部；四川西南部也有分布。

◎**生境和习性：** 生于山地的常绿阔叶林中，海拔1650～2000m。喜湿润和土壤肥沃的山坡。为深根性树种，生长良好。

◎**观赏特性及园林用途：** 树干高大通直，树冠丰满，枝叶浓密，四季常青，新叶红艳，是理想的道路、公园、庭院、住宅区等绿化树种。

香叶树

Lindera communis

樟科　山胡椒属

别名： 香果树，千金树，臭油果

形态特征： 常绿灌木或小乔木，高（1～5）3～4m；树皮淡褐色。当年生枝条纤细，平滑，具纵条纹，绿色，一年生枝条粗壮，无毛，皮层不规则纵裂。叶互生，通常披针形、卵形或椭圆形，先端渐尖、急尖、骤尖或有时近尾尖，基部宽楔形或近圆形；薄革质至厚革质；上面绿色，无毛，下面灰绿或浅黄色，被黄褐色柔毛，边缘内卷；羽状脉，侧脉每边5～7条，弧曲。伞形花序具5～8朵花，单生或两个同生于叶腋；花被片6，外面略被金黄色微柔毛或近无毛。果卵形，长约1cm，宽7～8mm，成熟时红色。花期3～4月，果期9～10月。

◎**分布：** 产云南中部及南部；分布于陕西、甘肃、湖南、湖北、江西、浙江、福建、台湾、广东、广西、云南、贵州、四川等省区。

◎**生境和习性：** 常见于干燥砂质土壤，散生或混生于常绿阔叶林中。耐阴，喜温暖气候，耐干旱瘠薄，在湿润、肥沃的酸性土壤上生长较好。

◎**观赏特性及园林用途：** 树形整齐，枝叶茂密，四季常青，红果累累，颇为美观，是城市绿化的优良树种，可作为庭荫树、行道树、标本树及风景林。

黄　樟

Cinnamomum porrectum

樟科　樟属

别名：樟脑树，蒲香树，臭樟

形态特征：常绿乔木，树干通直，高 10 ~ 20m；树皮暗灰褐色，上部为灰黄色，深纵裂，小片剥落，具有樟脑气味。枝条粗壮，圆柱形，绿褐色，小枝具棱角，灰绿色，无毛。叶互生，通常为椭圆状卵形或长椭圆状卵形，长 6 ~ 12cm，宽 3 ~ 6cm，在花枝上的稍小，先端通常急尖或短渐尖，基部楔形或阔楔形，革质，上面深绿色，有光泽，下面色稍浅或带粉绿色，两面无毛，侧脉每边 4 ~ 5 条，细脉和小脉网状。圆锥花序于枝条上部腋生或近顶生，长 4.5 ~ 8cm。花小，长约 3mm，绿带黄色；花被外面无毛，内面被短柔毛，花被筒倒锥形；花被片宽长椭圆形，长约 2mm，宽约 1.2mm。果球形，直径 6 ~ 8mm，黑色；果托狭长倒锥形，有纵长的条纹。花期 3 ~ 5 月，果期 4 ~ 10 月。

◎**分布：**产云南南部；分布于广东、广西、福建、江西、湖南及贵州等省区。

◎**生境和习性：**生于海拔 1500m 以下的常绿阔叶林或灌木丛中，常利用野生乔木辟为栽培的樟茶混交林。

◎**观赏特性及园林用途：**树姿秀丽、四季常绿、树干高大、生长较快，可用于绿化造林。

云南樟

Cinnamomum glanduliferum

樟科　樟属

别名： 樟脑树，樟叶树，红樟

形态特征： 常绿乔木，高5～15（～20）m；树皮灰褐色，深纵裂，小片脱落，内皮红褐色，具有樟脑气味。枝条粗壮，圆柱形，绿褐色，小枝具棱角。叶互生，叶形变化很大，椭圆形至卵状椭圆形或披针形，长6～15cm，宽4～6.5cm，先端通常急尖至短渐尖，基部楔形、宽楔形至近圆形，两侧有时不相等，革质，上面深绿色，有光泽，下面通常粉绿色，幼时仅下面被微柔毛，羽状脉或偶有近离基三出脉，侧脉每边4～5条。圆锥花序腋生，均比叶短，长4～10cm，各级序轴均无毛。花小，长达3mm，淡黄色。花被外面疏被白色微柔毛，内面被短柔毛，花被裂片6。果球形，直径达1cm，黑色；果托狭长倒锥形，有纵长条纹。花期3～5月，果期7～9月。

◎**分布：** 产云南中部至北部、四川南部及西南部、贵州南部、西藏东南部。印度、尼泊尔、缅甸至马来西亚也有分布。

◎**生境和习性：** 多生于山地常绿阔叶林中，海拔1500～2500（～3000）m。属深根性长寿树种，喜温暖、湿润气候，性喜光，幼树稍耐阴。在肥沃、深厚的酸性或中性砂壤土上生长良好，不耐水湿。萌蘖更新力强，耐修剪。移栽前宜先切断主根，促使其萌发侧根、须根。

◎**观赏特性及园林用途：** 树形整齐，枝叶茂密，冠大荫浓，树姿雄伟，广泛作为庭荫树、行道树、防护林及风景林。

樟　　树

Cinnamomum camphora

樟科　樟属

别名： 香樟，芳樟，油樟

形态特征： 常绿大乔木，高可达 30m，树冠广卵形；枝、叶及木材均有樟脑气味；树皮黄褐色，有不规则的纵裂。枝条圆柱形，淡褐色。叶互生，卵状椭圆形，长 6 ～ 12cm，宽 2.5 ～ 5.5cm，先端急尖，基部宽楔形至近圆形，边缘全缘，软骨质，有时呈微波状，上面绿色或黄绿色，有光泽，下面黄绿色或灰绿色，晦暗，两面无毛，具离基三出脉，有时过渡到基部具不明显的 5 脉，中脉两面明显，侧脉及支脉脉腋上面明显隆起，下面有明显腺窝；圆锥花序腋生，长 3.5 ～ 7cm。花绿白或带黄色，长约 3mm ；花被外面无毛或被微柔毛，内面密被短柔毛，花被筒倒锥形，长约 1mm，花被片椭圆形，长约 2mm。果卵球形或近球形，直径 6 ～ 8mm，紫黑色。花期 4 ～ 5 月，果期 8 ～ 11 月。

◎**分布：** 在昆明至河口铁路沿线广为栽培；广布于南方及西南各省区，野生或为栽培。

◎**生境和习性：** 喜光，稍耐阴；喜温暖湿润气候，耐寒性不强，对土壤要求不严，较耐水湿，但不耐干旱、瘠薄和盐碱土。主根发达，能抗风。有很强的吸烟滞尘、涵养水源、固土防沙和美化环境的能力。此外抗海潮风及耐烟尘，并能吸收多种有毒气体，较能适应城市环境。萌芽力强，耐修剪。

◎**观赏特性及园林用途：** 树形整齐，枝叶茂密，冠大荫浓，树姿雄伟，是城市绿化的优良树种，广泛作为庭荫树、行道树、防护林及风景林。配植池畔、水边、山坡等。在草地中丛植、群植、孤植或作为背景树。

野八角

Illicium simonsii

八角科　八角属

形态特征：常绿灌木或小乔木，高2～8m，小枝粗2～4mm。叶革质，披针形至狭椭圆形，长5～10cm，宽1.5～3.5cm，先端急尖或渐尖，叶片干时叶面暗绿色或棕灰色，叶背灰绿色、淡褐色或棕褐色；中脉在叶面下凹呈沟状，宽约1mm，侧脉6～9对。花蕾卵状；花淡黄色，芳香，腋生，常密集聚生于枝顶，稀老茎生花；花梗长2～8mm，粗1.5～2mm；花被片14～24枚，椭圆状长圆形、长圆状披针形或舌形，扁平，薄肉质；雄蕊15～25枚，2轮。果梗长5～10mm，粗1.5～2mm；果径2.5～3cm；蓇葖8～9枚，或同一植株上可达12枚，顶端喙细尖，喙长3～7mm。种子淡黄色或灰棕色，长6～7mm。花期2～4月和10～11月，果期8～10月和6～8月。

◎**分布：**产云南镇雄、昭通、巧家、会泽、寻甸、马龙、东川、贡山、福贡、碧江、兰坪、泸水、云龙、洱源、永平、漾濞、大理、宾川、禄劝、嵩明、富民、昆明、大姚、武定、楚雄、双柏、新平、玉溪、弥勒、开远、绿春、元阳、金平和腾冲；分布于四川和贵州。缅甸北部和印度东北部也有分布。

◎**生境和习性：**生于海拔1300～4000m的山地沟谷、溪边湿润常绿阔叶林中。

◎**观赏特性及园林用途：**树形端正紧凑，新叶嫩红，果型奇特，是优良的观叶观果树种。

水青树

Tetracentron sinense

水青树科　水青树属

别名： 水青树，花楸，青皮树

形态特征： 乔木，高可达30m，全株无毛；树皮灰褐色或灰棕色而略带红色，片状脱落；长枝顶生，细长，幼时暗红褐色，短枝侧生，距状，基部有叠生环状的叶痕及芽鳞痕。叶片卵状心形，长7～15cm，宽4～11cm，顶端渐尖，基部心形，边缘具细锯齿，齿端具腺点，两面无毛，背面略被白霜，掌状脉5～7，近缘边形成不明显的网络；叶柄长2～3.5cm。花小，呈穗状花序，花序下垂，着生于短枝顶端，多花；花直径1～2mm，花被淡绿色或黄绿色；雄蕊与花被片对生。果长圆形，长3～5mm，棕色，沿背缝线开裂。花期6～7月，果期9～10月。

◎**分布：** 分布于云南泸水、中甸、贡山、德钦、镇雄、永善、大关等地；陕西、甘肃、河南、湖北、湖南、广西、四川、贵州、西藏等地也有分布。

◎**生境和习性：** 生于海拔1100～3500m的地带。

◎**观赏特性及园林用途：** 树姿婆娑，叶形美观，适宜栽培作观赏和行道树。

枫 香

Liquidamba formosana

金缕梅科 枫香属

别名：枫树，三角枫，鸡爪枫

形态特征：落叶乔木，高达 40m；树皮幼时平滑灰色，老则转暗褐，粗糙而厚；小枝灰色，被柔毛，老时渐无毛。叶轮廓三角形至心形，掌状 3 裂，极稀卵圆形不裂，新条上幼叶或为 5 裂，中央裂片较长，卵形，先端尾状渐尖，两侧裂片较短，稍向侧面平展至平展或下倾，基部浅心形，表面绿色，暗晦无光泽，背面无毛，或幼嫩时被柔毛，掌状脉 3 ～ 5 条，与网脉在上下两面均明显，边缘有具腺锯齿。全花序在侧生短枝上顶生，果时由于基部侧芽增大而看似腋生。雄花短穗状花序聚成总状花序；花萼及花瓣不存；雄蕊多数，花丝不等长。雌花聚成 1 ～ 2 个头状花序，在下部；萼齿 5 枚，针形，长达 8mm。头状果序圆球形，木质，直径 2.5 ～ 4cm。

◎**分布：**仅见于滇东南的富宁、广南、麻栗坡一带；分布于秦岭、淮河以南各省至广东、海南、台湾。

◎**生境和习性：**生长于海拔 220 ～ 1660m 的次生疏林中，常为上层优势树种。喜温暖湿润气候，喜光，幼树稍耐阴，耐干旱瘠薄土壤，不耐水涝。耐火烧，萌生力极强。

◎**观赏特性及园林用途：**树干通直，树体雄伟，秋叶红艳，是南方著名的秋色叶树种。山边、池畔以枫香为上木，下植常绿灌木，间植槭类，入秋则层林尽染，亦可孤植或丛植于草坪、空旷地，并配以银杏、无患子等秋色叶树种，则秋景更为丰富绚丽。

马蹄荷

Symingtonia populnea

金缕梅科　马蹄荷属

别名： 合掌，合掌木，鹤掌叶

形态特征： 常绿乔木，高 20 ～ 33m；树皮黑褐色，薄，小块状裂开或纵裂；小枝被柔毛，节膨大。叶革质，阔卵圆形，全缘或幼时掌状 3 浅裂，长 10 ～ 17cm，宽 9 ～ 13cm，幼叶常具有较大的叶片，先端尖锐，基部心脏形，偶为圆形、截形或阔楔形，掌状脉 5 ～ 7 条，两面均显著，网脉不大明显；叶柄长 3 ～ 6cm，圆柱形，无毛。托叶椭圆形或倒卵圆形，长 2 ～ 3cm，宽 1 ～ 2cm，偏斜，外面略被毛。头状花序单生，或数枚聚成总状花序；两性花序径约 1.5cm，雌花花序直径 2.5 ～ 6mm，有花 8 ～ 12 朵；花瓣线形，长 2 ～ 3mm，或不存在。头状果序直径 2 ～ 2.5cm，有蒴果 8 ～ 12 枚；蒴果卵形。种子 6 枚。花期 10 月至次年 3 月，果期 4 ～ 10 月。

◎**分布：** 产滇东南、南部、中部、西南部至西北部（贡山）；贵州、广西也有分布。

◎**生境和习性：** 在海拔 1000 ～ 2600m 的山地常绿林或混交林中常见。喜光，稍耐阴，喜温暖、湿润的气候，根系发达，喜土层深厚、排水良好、微酸性的红黄土壤，对中性土壤也能适应。

◎**观赏特性及园林用途：** 树姿美丽，树干通直，叶大而光亮。适作庭荫树或在山地营造风景林，孤植、丛植、群植均宜。

虎皮楠

Daphniphyllum oldhami

交让木科　交让木属

别名： 四川虎皮楠，南宁虎皮楠

形态特征： 乔木或小乔木，高 5 ～ 10m；小枝纤细，暗褐色。叶纸质，披针形或倒卵状披针形或长圆形或长圆状披针形，长 9 ～ 14cm，宽 2.5 ～ 4cm，最宽处常在叶的上部，先端急尖或渐尖或短尾尖，基部楔形或钝，叶背通常显著被白粉，具细小乳突体，侧脉纤细，8 ～ 15 对，两面突起，网脉在叶面明显突起；叶柄上面具槽。雄花序长 2 ～ 4cm，较短；花梗长约 5mm，纤细；花萼小，不整齐 4 ～ 6 裂，三角状卵形，长 0.5 ～ 1mm，具细齿；雄蕊 7 ～ 10，花丝极短；雌花序长 4 ～ 6cm；萼片 4 ～ 6，披针形。果椭圆或倒卵圆形，长约 8mm，直径约 6mm，暗褐至黑色，具不明显疣状突起，先端具宿存柱头。花期 3 ～ 5 月，果期 8 ～ 11 月。

◎**分布：** 产长江以南各省区。

◎**生境和习性：** 生于海拔 150 ～ 1400m 的阔叶林中。喜排水良好的壤土、砂质壤土。喜光，也较耐阴，全日照、半日照均可。

◎**观赏特性及园林用途：** 树形美观，叶常绿，可作绿化和观赏树种。

长序虎皮楠

Daphniphyllum longeracemosum

交让木科　交让木属

形态特征： 乔木，高 10～20m；小枝粗壮，圆柱形，紫红色。叶纸质，长圆状椭圆形，长 16～26mm，宽 6～9mm，先端渐尖，基部阔楔形或钝，叶面深绿色，略具光泽，背面淡绿色，通常无白霜，中脉在叶面平，背面隆起，侧脉 14～16 对，两面突起，网脉略突；叶柄长 3～7mm，紫红色。花序直立开展；雄花花梗长 4～6mm；苞片椭圆形，长约 5mm，早落；无花萼；雄蕊 10，花丝长约 1mm，花药卵形，长约 1mm，先端圆形或微凹；雌花花梗长约 1mm；花萼早落；雌蕊长约 2mm，花柱叉开。果序长 10～16mm，果梗长 1.5～3mm，果椭圆形，长 1.5～2mm，直径约 8mm，先端多少偏斜，具宿存花柱，表面具瘤状突起。花期 6 月，果期 11 月。

◎**分布：** 产云南绿春、元阳、蒙自、屏边、马关、麻栗坡、西畴、文山；广西也有分布。

◎**生境和习性：** 生于海拔 1200～1900（～2300）m 的常绿阔叶林中。

◎**观赏特性及园林用途：** 树形美观，叶片四季翠绿，可作行道树种。

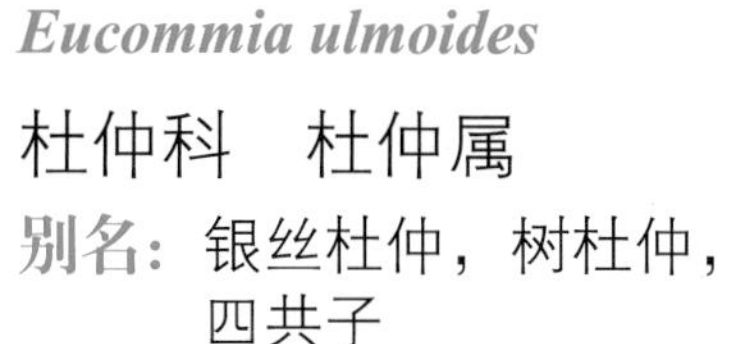

杜　仲

Eucommia ulmoides

杜仲科　杜仲属

别名： 银丝杜仲，树杜仲，四共子

形态特征： 落叶乔木，高达20m；树皮灰褐色，粗糙，内含树胶，折断拉开有多数细丝。嫩枝有黄褐色毛，不久脱落，老枝有明显的皮孔。芽体卵圆形，外面发亮，红褐色，有鳞片6～8，边缘有微毛。叶椭圆形、卵形或长圆形，薄革质，长6～15cm，宽3.5～6.5cm，基部圆形或宽楔形，先端渐尖，叶面暗绿色，初时有褐色柔毛，不久变秃净，老叶略有皱纹，背面淡绿，初时有褐色毛，以后仅在脉上有毛，侧脉6～9对，与网脉在叶面下陷，在背面稍突起，边缘有锯齿；叶柄长1～2cm，上面有槽，散生长毛。花生于当年枝基部。雄花无花被；花梗长约3mm，无毛；苞片倒卵状匙形，长6～8mm。翅果扁平，长椭圆形，周围具薄翅。

◎**分布：** 云南镇雄、大关、曲靖、福贡、昆明、文山、景洪等地有栽培。分布于四川、贵州、湖南、浙江、湖北、河南、甘肃、陕西等省，现各地已广泛栽培。

◎**生境和习性：** 分布于海拔500～1900m地带。在自然状态下，生长于海拔300～500m的低山、谷地或低坡的疏林中。喜阳光充足、温和湿润气候，耐寒，对土壤的选择不严格。不耐庇荫。根系较浅而侧根发达，萌蘖性强。

◎**观赏特性及园林用途：** 树干端直，枝叶茂密，树形整齐优美。丘陵、平原均可种植，也可利用零星土地或四旁栽培。

滇　　朴

Celtis tetrandra

榆科　朴属

别名：凤庆朴，四蕊朴

形态特征：落叶或半常绿乔木，高达25m。当年生幼枝密被黄褐色短柔毛，老后脱落或部分残留。叶厚纸质至革质，卵状椭圆形，长5～12cm，宽3～5.5cm，基部多偏斜，先端渐尖或短尾状渐尖，边缘近全缘或具钝齿，幼时两面具黄褐色短柔毛，尤以下面及脉上为多，老时脱净或部分残留；叶柄长0.4～0.6cm，上面具沟，被毛。果梗常1～2枚生于叶腋（稀为1枚）。其中一枚果梗（实为总梗），常有2果，另一枚具一果，无毛或被短柔毛，长7～14mm；果成熟时黄色至橙黄色，近球形，直径0.7～0.8cm，果核具4肋，表面有网孔状凹陷。花期3～4月，果期4～10月。

◎**分布：**产云南文山、红河、思茅、临沧、大理、保山、德宏等地；分布于四川、广西。印度、尼泊尔至缅甸、越南也有分布。

◎**生境和习性：**生于海拔200～1600m的阔叶林中。阳性树种。稍耐阴，耐水湿，但有一定抗旱性，喜肥沃、湿润而深厚的中性土壤，在石灰岩的缝隙中亦能生长良好。

◎**观赏特性及园林用途：**树姿挺拔壮美，秋叶金黄，极具观赏价值。可在公园中孤植用作庭荫树，亦可列植水边或作行道树。可用于厂矿区绿化。

昆明榆

Ulmus changii var. *kunmingensis*

榆科　榆属

形态特征：落叶乔木，高达20余米。幼枝红褐色或褐色，被短柔毛，老枝暗褐色。叶片长圆形、椭圆形、卵形或卵状披针形，长（1.5～）4～8mm，宽1.5～2.5mm，先端渐尖或短尖，基部圆形或楔形，稍不对称，叶缘具浅齿，齿端圆，多为重锯齿，上面中脉常凹下，初有柔毛，后脱落，下面初有柔毛，后脱落，脉腋簇生白色绵毛，侧脉7～14对；叶柄长2～8mm，密被短柔毛。翅果长圆形或椭圆形，长2～2.5mm，宽1～1.5mm，两面及边缘皆被短毛；果核位于翅果中部，较两侧之翅窄；宿存花被5裂，被毛。花期2～3月，果期3～4月。

◎**分布：**产云南大理、昆明、宜良、玉溪；分布于四川、贵州、广西。

◎**生境和习性：**生于海拔1600～1900m的山地林中，多为石灰岩山地。

◎**观赏特性及园林用途：**树干通直，树形高大，绿荫较浓，适应性强，栽作行道树、庭荫树、防护林及四旁绿化用。可制作盆景。

榔　榆

Ulmus parvifolia

榆科　榆属

别名：小叶榆，秋榆，掉皮榆

形态特征：落叶乔木，高达25m；树冠广圆形，树干基部有时成板状根，树皮灰色或灰褐，裂成不规则鳞状薄片剥落，露出红褐色内皮，近平滑，微凹凸不平；当年生枝密被短柔毛，深褐色。叶质地厚，披针状卵形或窄椭圆形，稀卵形或倒卵形，中脉两侧长宽不等，长1.7～8（常2.5～5）cm，宽0.8～3（常1～2）cm，先端尖或钝，基部偏斜，楔形或一边圆，叶面深绿色，有光泽，叶背色较浅，边缘从基部至先端有钝而整齐的单锯齿，稀重锯齿（如萌发枝的叶），侧脉每边10～15条。花秋季开放，3～6数在叶腋簇生或排成簇状聚伞花序，花被上部杯状，下部管状，花被片4，深裂至杯状花被的基部或近基部。翅果椭圆形或卵状椭圆形。花果期8～10月。

◎**分布：**云南昆明有栽培；我国西南、华南、华东、华中、华北、台湾及西北、东北部各省区有分布。

◎**生境和习性：**喜光，耐干旱，在酸性、中性及碱性土上均能生长，但以气候温暖，土壤肥沃、排水良好的中性土壤为最适宜的生境。

◎**观赏特性及园林用途：**树干略弯，树皮斑驳雅致，小枝婉垂，秋日叶色变红，是良好的观赏树及工厂绿化、四旁绿化树种，常孤植成景，适宜种植于池畔、亭榭附近，也可配于山石之间。萌芽力强，为制作盆景的好材料。

构　　树

Broussonetia papyrifera

桑科　构属

别名：楮桃，楮，谷桑

形态特征：高大乔木。枝粗而直，树皮暗灰色，幼枝密被灰白色长柔毛。叶螺旋状排列，广卵形至椭圆状卵形，长6～18cm，宽5～9cm，先端渐尖，基部心形或宽楔形，两侧常不对称，边缘具三角形粗锯齿，不分裂或3～5裂，幼树之叶常有明显分裂，叶面深绿色，甚粗糙，疏生糙毛和柔毛，背面色较浅，密被柔毛，基生叶脉三出，侧脉每边6～8条，在叶面凹下，背面凸起，斜上展出；叶柄圆柱形，密生糙毛。花雌雄异株，雄花序圆柱状，下垂，长6～8cm；雄花4；花被管状。聚花果直径1.5～3cm，成熟时橙红色，肉质；小核果扁球形，具柄，龙骨双层，表面有小瘤体。花期4～5月，果期6～7月。

◎**分布：**云南全省各地均有野生，少有栽培；长江和珠江流域各省区均有分布。越南、印度、日本也有分布。

◎**生境和习性：**强阳性树种，适应性和抗逆性强。萌芽力和分蘖力强，耐修剪。抗污染性强。

◎**观赏特性及园林用途：**叶片粗狂，果实红艳，具有较高观赏性。因其有抗性强、生长快、繁殖容易等优点，是城乡绿化的重要树种，尤其适合用作矿区及荒山坡地绿化，亦可用作庭荫树及防护林。

鸡嗉子榕

Ficus semicordata

桑科　榕属

别名： 山枇杷果

形态特征： 小乔木，高可达 10m；树皮灰色，平滑，冠幅平行展开，伞状；幼枝密被褐黄色硬毛，叶椭圆形至长圆状披针形，长 18 ～ 28cm，宽 9 ～ 11cm，纸质，先端渐尖，基部偏心形，一侧耳状，边缘有细锯齿或全缘，叶面粗糙，脉上被硬毛，背面密生短硬毛和黄褐色小瘤体，侧脉每边 10 ～ 14 条，耳叶一侧 3 ～ 4 条；叶柄长 5 ～ 10cm，粗壮，密被硬毛；托叶披针形，长 2 ～ 3.5cm，膜质，近无毛，红色。榕果或生于无叶小枝叶腋，果枝下垂至根部或穿入土中，球形，直径 1 ～ 1.5cm，被短硬毛，榕果有侧生苞片，顶生苞片脐状，基生苞片 3，被毛，总梗长 5 ～ 10mm，被硬毛，成熟时紫红色。花期 5 ～ 10 月。

◎**分布：** 广布于云南保山、怒江、德宏、思茅、西双版纳、红河等地区；西藏、广西、贵州有分布。

◎**生境和习性：** 生海拔 600 ～ 1600（～ 2800）m 的公路两旁或林缘。

◎**观赏特性及园林用途：** 树冠伞状，叶排为两列，冠幅平行展出，为蔽荫良好树种。

榕树

Ficus microcarpa

桑科　榕属

别名： 万年青，细叶榕，小叶榕

形态特征： 乔木，高 15 ～ 25m。树皮灰色，冠幅广展；老树常有锈褐色气根。叶薄革质，狭椭圆形，长 4 ～ 8cm，宽 3 ～ 4cm，先端钝尖，基部狭楔形至楔形，叶面深绿色，有光泽，背面浅绿色，两面无毛，基生侧脉延长，侧脉每边 3 ～ 10 条；叶柄长 5 ～ 10（～ 15）mm，无毛；托叶小，披针形，长约 8mm。榕果成对腋生，有时生于已落叶枝叶腋，成熟时黄色微红，扁球形，直径 6 ～ 8mm，无总梗，顶生苞片唇形，基生苞片 3，广卵形。花果期 5 ～ 7 月。

◎**分布：** 产云南富民、禄劝、峨山、石屏、建水、元江、思茅、澜沧、西双版纳、元阳、河口、麻栗坡、富宁、文山、砚山；浙江（东南）、江西（南部）、广东及其沿海岛屿、海南、福建、台湾、广西、贵州等地有分布。

◎**生境和习性：** 生于海拔 174 ～ 1240（～ 1900）m 的地方。喜暖热多雨气候及酸性土壤，生长快，寿命长，播种、扦插等繁殖容易。

◎**观赏特性及园林用途：** 树冠庞大，枝叶茂密，大干气根低垂，又可入土成支柱干，形成“独木成林”的热带风情景观，是华南和西南地区常见的行道树及遮阴树。

黄葛榕

Ficus virens Aiton var. *sublanceolata*

桑科　榕属

别名：黄葛树

形态特征：落叶乔木，有板根和支柱根，幼时附生。叶薄革质，长圆状披针形或近披针形，长可达20cm，宽4～6cm，先端渐尖至尾尖，基部圆形至钝形，全缘，两面无毛，叶面无光泽，侧脉每边7～10条；叶柄长2～3（～5）cm；托叶披针形或卵状披针形，早落。榕果单生或成对生于已落叶枝叶腋，球形，直径7～10mm，熟时紫红色，无总梗，基生苞片3，宿存；雄花、瘿花、雌花生于同一榕果内壁；雄花无柄，少数，生于内壁近口部，花被片3～5，披针形，雄蕊1枚；瘿花具柄，花被片3～4，花柱近顶生，短于子房；雌花相似于瘿花，仅花柱长于子房。瘦果有皱纹。花期4月，果期5～6月。

◎**分布**：产云南盐津、彝良、巧家、会泽、元谋、宾川、邓川、鹤庆、大理、漾濞、巍山、景东、凤庆、临沧、泸水、勐海、景洪、屏边、河口；陕西、湖北、贵州、广西、四川等地有分布。

◎**生境和习性**：生于海拔800～2200m的地带。阳性树种，喜温暖湿润气候，耐旱而不耐寒，耐寒性比榕树稍强。抗风，抗大气污染，耐瘠薄，对土质要求不严，生长迅速，萌发力强。

◎**观赏特性及园林用途**：高大挺拔，树叶茂密；春季新叶展放后鲜红色的托叶纷纷落地，黄色或紫红色的果实挂满枝头，甚为美观。夏季叶片油绿光亮。适宜栽植于公园湖畔、草坪、河岸边、风景区，孤植或群植造景，提供人们游憩、纳凉的场所，也可用作行道树。

高山榕

Ficus altissima

桑科 榕属

别名： 鸡榕，大叶榕，大青树

形态特征： 大乔木，高 25 ～ 30cm。树皮灰色，平滑；幼枝绿色，直径约 10mm，被微柔毛。叶厚革质，广卵形至广卵状椭圆形，长 10 ～ 19cm，宽 8 ～ 11cm，先端钝，急尖，基部宽楔形，全缘，两面平滑，无毛，基生侧脉延长，侧脉每边 5 ～ 7 条；叶柄长 2 ～ 5cm，粗壮；托叶厚革质，长 2 ～ 3cm，外面被灰色绢丝状毛。榕果成对腋生，椭圆状卵圆形，直径 17 ～ 28mm，幼时包藏于早落风帽状苞片内，成熟时红色带黄色，顶生苞片脐状突起，基生苞片短宽面钝，脱落后遗留环状疤痕。花期春夏。

◎**分布：** 产云南新平、双柏、邓川、大理、腾冲、德宏、临沧、西双版纳。广东、海南、广西、西藏、四川有分布。锡金以东、不丹、缅甸、越南、泰国、马来西亚、印度尼西亚、菲律宾也有分布。

◎**生境和习性：** 生于海拔（100 ～）200 ～ 2000m 的林中或林缘。

◎**观赏特性及园林用途：** 树冠广阔，树姿稳健壮观；叶厚革质，有光泽；隐头花序形成的果成熟时金黄色，极好的城市绿化树种。非常适合用作园景树和遮荫树。

大青树

Ficus hookeriana

桑科　榕属

别名：圆叶榕

形态特征：大乔木，高达25m。主干通直，树皮深灰色，有纵槽；幼枝绿色微红，粗壮，直径约1cm，平滑，无毛。叶大，坚纸质，长椭圆形至广卵状椭圆形，长15～20cm或更长，宽8～12cm，先端钝圆或具短尖，基部宽楔形至圆形，叶面深绿色，背面绿白色，两面无毛，全缘，侧脉每边6～9条，与主脉几成直角展出，在边缘处网结；叶柄粗壮，圆柱形，长3～5cm，无毛；托叶膜质，深红色，披针形，长10～13cm。榕果成对腋生，无总梗，圆柱状至倒卵圆形，长2～2.7cm，直径1～1.5cm，顶生苞片脐状突起，基生苞片合生成杯状。花期4～10月。

◎**分布：**产云南昆明、大理、凤庆、临沧、思茅、西双版纳、金平、麻栗坡、富宁等地；广西、贵州有分布。锡金、印度（东北部）也有分布。

◎**生境和习性：**生于海拔500～1800（～2200）m的平原或寺庙中栽培。

◎**观赏特性及园林用途：**高大挺拔，树叶茂密；春季新叶展放后鲜红色的托叶，甚为美观。夏季叶片油绿光亮。适宜栽植于公园湖畔、草坪、河岸边、风景区，孤植或群植造景，提供人们游憩、纳凉的场所，也可用作行道树。

木瓜榕

Ficus auriculata

桑科　榕属

别名：大果榕，馒头果，大无花果

形态特征：灌木或小乔木，高 4 ～ 10m。树冠扩展，树皮灰褐色，粗糙；幼枝被柔毛，红褐色，中空。叶互生，厚纸质，广卵状心形，长 15 ～ 55cm，宽 13 ～ 27cm，先端钝，具短尖头，基部心形，稀近圆形，边缘具整齐细锯齿，叶面深绿色，无毛，仅于中脉及侧脉被微柔毛，背面多被开展短柔毛，基生叶脉 5 ～ 7 条，侧脉每边 3 ～ 4 条，在叶面微凹陷或平坦，在背面突起；叶柄长 5 ～ 8cm，粗壮。榕果簇生于老茎，大梨形或扁球形至陀螺形，直径 3 ～ 5cm，具明显的纵棱 8 ～ 12 条，幼时被白色短柔毛，成熟时红褐色，顶生苞片三角状卵形，4 ～ 5 轮排列成莲座状，基生苞片卵状三角形，基部收缢或不收缢成柄，总梗长 4 ～ 6cm，粗壮，被毛。花期 3 月，果期 5 ～ 8 月。

◎**分布：**产云南禄劝、双柏、建水、华坪、漾濞、泸水、瑞丽、福贡、贡山、临沧、沧源、凤庆、镇康、西双版纳、绿春、金平、屏边、河口、西畴等地。喜马拉雅诸国（巴基斯坦以东）至印度、泰国、马来西亚有分布。

◎**生境和习性：**生于海拔 50 ～ 1500（～ 2000）m 的热带、亚热带沟谷林中。

◎**观赏特性及园林用途：**观树形、观叶、观果。适合作庭荫树和孤赏树。

云南枫杨

Pterocarya delavayi

胡桃科　枫杨属

别名：水核桃

◎**分布：**产云南维西、德钦、贡山、丽江、漾濞、鹤庆等地；分布于四川、湖北等省。

◎**生境和习性：**生于海拔 2400～2700m 的山谷林中。

◎**观赏特性及园林用途：**树冠宽广，枝叶茂密，生长迅速，是优良的庭荫树和防护树种。

形态特征：乔木，高 10～15m。幼枝黄褐色，老时黑褐色，具浅色皮孔。奇数羽状复叶，长 20～25cm，具小叶 7～13 枚，叶轴及叶柄均密被黄褐色毡毛；小叶对生或近对生，小叶片长椭圆形、长椭圆状卵形至长椭圆状披针形，长 7～19cm，宽 3～6cm，先端急尖或渐尖，基部歪斜，顶生小叶基部楔形，边缘具细锯齿，叶面极疏被细柔毛及细小腺体，背面沿脉被柔毛，侧脉 15～25 对；侧生小叶具极短的小叶柄或无，顶生小叶具长 2～3cm 的小叶柄。花单性，雌雄同株。雄性柔荑花序长 8～10cm，下垂。雌性柔荑花序顶生，长 25～35cm，下垂，花序轴被柔毛或毡毛。果序长 50～60cm，坚果两侧具歪斜的果翅。花期 4～6 月，果期 7～8 月。

胡　桃

Juglans regia

胡桃科　胡桃属

别名：铁核桃，核桃

形态特征：落叶乔木。树皮灰白色，老时浅纵裂；小枝灰绿色，无毛，具盾状腺体。奇数羽状复叶长25～30cm，叶轴及叶柄幼时被极短的短腺毛及腺体；小叶（3～）5～9枚，小叶片椭圆状卵形至长椭圆形，长4.5～15cm，宽2.5～6cm，先端钝圆或急尖、短渐尖，基部近圆形，歪斜，全缘，幼树或萌生枝上的叶具不整齐的锯齿，叶面绿色，无毛，背面淡绿色，侧脉11～15对；侧生小叶近无柄或具极短的柄，顶生小叶柄长3～6cm。雄性柔荑花序长5～10(～15)cm，下垂。雌性总状花序顶生，具1～3（～4）花。果序长4.5～6cm，下垂，具1～3果。果球形，直径4～6cm；果核具2纵钝棱及浅雕纹。花期5月，果期9～10月。

◎**分布：**产云南全省各地；分布于华北、西北、西南、华南、华中及华东各省区。中亚、西亚、南亚和欧洲均有分布。

◎**生境和习性：**生于海拔1300～2600m的山坡、沟旁、树旁、路边，多为人工栽培。喜光，耐寒，抗旱，抗病能力强，适应多种土壤生长，喜水、肥。

◎**观赏特性及园林用途：**树冠雄伟，树干洁白，枝叶繁茂，绿荫盖地，在园林中可作道路绿化，起防护作用。

云南黄杞

Engelhardtia spicata

胡桃科　黄杞属

别名：摇钱树，穗序黄杞，烟包树

形态特征：半常绿乔木，高 15 ～ 20m。树皮灰褐色或带黑褐色，细纵裂。幼枝皮孔显著。裸芽密被褐色柔毛。偶数羽状复叶，稀奇数羽状复叶，长 20 ～ 35cm，具小叶 4 ～ 7 对。小叶近对生或对生，小叶片薄革质，长椭圆形或长椭圆状披针形，长 7 ～ 18cm，宽 2 ～ 8cm，先端渐尖、基部阔楔形至近圆形，不等侧，全缘，叶面无毛，具疏散腺体，主脉在两面凸起，侧脉 10 ～ 13 对。雄性柔荑花序生于侧枝的叶痕腋内，通常圆锥花序状；雄花花被片 4。雌性柔荑花序单生于侧枝顶端或生于雄性圆锥花序的顶端。果序长 30 ～ 45cm，下垂；果球形，上部密被黄色长刚毛，具宿存花柱，下部与苞片贴生。花期 11 月，果期翌年 1 ～ 2 月。

◎**分布：**产云南镇雄、维西、泸水、丽江、大理、楚雄、武定、保山、腾冲、镇康、耿马、龙陵、瑞丽、潞西、沧源、景东、双江、景洪、勐海、勐腊、金平、屏边等地；分布于西藏、四川、贵州、广西、广东、海南等省区。

◎**生境和习性：**生于海拔 800 ～ 2000m 的山坡混交林中。

◎**观赏特性及园林用途：**枝叶茂密、树体高大，柔荑花序和果序美丽，适宜在园林绿地中栽植，尤其适宜用于山地风景区绿化。

杨　梅

Myrica rubra

杨梅科　杨梅属

别名： 山杨梅，朱红，珠蓉

形态特征： 常绿乔木，高可达 15m 以上；树皮灰色，老时纵裂，树冠圆形；小枝无毛。叶片革质，常密集于小枝的上部；生于萌发枝条者为长椭圆状或楔状披针形，长达 16cm 以上，先端渐尖或急尖，边缘中部以上具稀疏锐齿，中部以下常全缘，基部楔形；生于孕性枝者为长椭圆状倒卵形或楔状倒卵形，长 6 ～ 15cm，宽 1.5 ～ 5cm，先端钝或具短尖至急尖，基部楔形，全缘或有时中部以上具疏锐齿，表面亮深绿色，背面淡绿色，疏被金黄色腺体，中脉及侧脉两面隆起，侧脉每边 10 ～ 15 条。雌雄异株。核果球形，直径 10 ～ 15mm，具乳头状突起，成熟时深红色或紫红色，外果皮肉质，多汁液及树脂。花期12月至翌年4月，果期6～7月。

◎**分布：** 产云南勐海、马关、麻栗坡、广南、富宁、泸水；江苏、浙江、江西、四川、贵州、湖南、广西、广东、福建、台湾亦有分布。

◎**生境和习性：** 生于海拔 1100 ～ 2300m 的山坡林中。喜温暖湿润气候，成年树喜光，具菌根，耐干旱瘠薄，宜排水良好的酸性土壤。

◎**观赏特性及园林用途：** 枝繁叶茂，树冠圆整，初夏又有红果累累，十分可爱，是园林绿化结合生产的优良树种。孤植、丛植于草坪、庭院，或列植于路边都很合适；若采用密植方式来分隔空间或起遮蔽作用也很理想。

栓皮栎

Quercus variabilis

山毛榉科　栎属

别名：软木栎，粗皮栎，白麻栎

形态特征：落叶乔木，高达30m，胸径可达1m；树皮木栓层很发达。小枝灰棕色，无毛。叶卵状披针形或长椭圆形，长8～15（～20）cm，宽2～6（～8）cm，顶端渐尖，基部圆形或宽楔形，边缘具刺芒状锯齿，老叶背面密被灰白色星状绒毛，侧脉13～18对，直达齿端；叶柄长1～3cm，无毛。壳斗常单生，碗形，包围坚果约2/3，直径约2cm，高1.5cm；苞片钻形，反曲，有短毛。坚果近球形或宽卵形，高、径均约1.5cm，顶端平圆，果脐凸起。花期3～4月，果熟期翌年9～10月。

◎**分布**：除滇西北高山及滇西南和西双版纳的普文以南外全省都有分布；广西、广东北部以北，西至四川、甘肃东南部，北至辽宁，东至台湾省均有分布。

◎**生境和习性**：常生于海拔700～2300m阳坡或松栎林中。

◎**观赏特性及园林用途**：树形高大，树冠伸展，浓荫葱郁，可作庭荫树、行道树，若与枫香、苦槠、青冈等混植，可构成风景林，抗火、抗烟能力较强，也是营造防风林、防火林、水源涵养林的乡土树种。

板　栗

Castanea mollissima

山毛榉科　栗属

别名：栗，魁栗

形态特征：落叶乔木，高达15m，树皮深灰色，不规则深纵裂。幼枝被灰褐色绒毛。叶长椭圆形至长椭圆状披针形，长9～18cm，宽4～7cm，顶端渐尖或短尖，基部圆形或宽楔形，边缘有锯齿，齿端有芒状尖头，背面被灰白色短柔毛，侧脉10～18对，叶柄长0.5～2cm，被细绒毛或近无毛。雄花序长9～20cm，有绒毛；雄花每簇有花3～5朵，雌花常生于雄花序下部，2～3（～5）朵生于1总苞内，花柱下部有毛。成熟总苞连刺直径4～6.5cm，苞片针刺形，密被紧贴星状柔毛，坚果通常2～3个，扁球形，暗褐色，顶端被绒毛。花期4～6月，果熟期9～10月。

◎**分布：**云南省大部分地区都有栽培；辽宁省以南各省除青藏高原外均有栽培。

◎**生境和习性：**常栽在海拔800～2500m丘陵、山地。喜光，光照不足引起枝条枯死或不结果实。喜肥沃温润、排水良好的砂质或沙质壤土，忌土壤黏重和积水。对有害气体抗性强。

◎**观赏特性及园林用途：**树冠圆广、枝茂叶大，在公园草坪及坡地孤植或群植均适宜；亦可作山区绿化造林和水土保持树种。

黄背栎

Quercus pannosa

山毛榉科　栎属

◎**分布**：产云南大姚、宾川、下关、漾濞、鹤庆、丽江和中甸等地。

◎**生境和习性**：生于海拔 2500 ～ 3900m 开旷山坡、栎林或松林中。

◎**观赏特性及园林用途**：树冠紧凑整齐，叶背黄棕色，是营造防风林、水源涵养林的乡土树种。

形态特征：常绿灌木或小乔木，高可达 15m。小枝被污褐色绒毛，后渐无毛。叶卵形，倒卵形或椭圆形，长 2 ～ 5.5cm，宽 1 ～ 3cm，顶端圆钝或有短尖，基部圆形至浅心形，全缘或有刺状锯齿，幼时两面有毛，老时背面密生多层厚绒毛，侧脉 5 ～ 6 对；叶柄长 1 ～ 4mm，有毛。壳斗浅碗形，包围坚果 1/3 ～ 1/2，直径 1 ～ 2cm，高 0.6 ～ 1cm，内壁有棕色绒毛；苞片窄卵形，长约 1mm，覆瓦状排列，顶端不紧贴壳斗壁，被棕色绒毛。坚果卵形至近球形，直径 1 ～ 1.5cm，高 1.5 ～ 2cm，顶端微有毛或无毛，果脐微凸起。花期 6 月，果熟期翌年 9 ～ 10 月。

滇石栎

Lithocarpus dealbatus

山毛榉科　石栎属

别名：白皮柯，猪栎

形态特征：乔木，高达20m。小枝密生灰黄色柔毛。叶长椭圆形，长卵形至椭圆状披针形，长5～12cm，宽2～3cm，顶端渐尖或短尾尖，基部楔形，全缘，背面常被灰黄色柔毛，有时无毛，侧脉9～12对。果序长10～20cm，果密集。壳斗3～5个簇生，近球形或扁球形，包坚果2/3～3/4，直径1～1.5cm，高0.8～1.5cm，被灰黄色毡毛；苞片三角形，下部和壳斗贴生，上部的分离。坚果近球形或略扁，高、直径1～1.3cm，顶部圆形或微下凹，有宿存短花柱，有灰黄色细柔毛或脱落，基部和壳斗愈合，愈合面呈锅状凸起，为坚果高度的1/4。花期8～10月，果熟期翌年10～11月。

◎**分布：**产云南各地，从滇西北丽江、中甸、宁蒗经滇中至滇东南西畴、麻栗坡等地；此外贵州、四川等地均有分布。

◎**生境和习性：**常生于海拔1300～2700m山地湿润森林中。

◎**观赏特性及园林用途：**枝繁叶茂，绿荫深浓，经冬不落，宜作庭荫树。在草坪中孤植、丛植或在山坡上成片种植，也可作为其他花灌木的背景树。

蒙自桤木

Alnus nepalensis

桦木科　桤木属

别名： 蒙自桤木，尼泊尔桤木，旱冬瓜

形态特征： 乔木，高约 18m；小树树皮光滑绿色，老树树皮黑色粗糙纵裂；枝条无毛，幼枝有时疏被黄柔毛；芽具柄，芽鳞 2 枚，光滑。叶纸质，卵形，椭圆形，长 10 ～ 16cm，顶端渐尖或骤尖，稀钝圆，基部宽楔形，稀近圆形，边缘具疏齿或全缘，叶面翠绿，光滑无毛，背面灰绿，密生腺点，幼时疏被棕色柔毛，沿中脉较密，或多或少宿存，脉腋间具黄色髯毛，侧脉 12 ～ 16 对。雄花序多数组成圆锥花序，下垂。果序长圆形，长约 2cm，直径约 8mm，序梗短，长 2 ～ 3cm，由多数组成顶生，直立圆锥状大果序；果苞木质，宿存，长约 4mm，顶端圆，具 5 浅裂。小坚果，长圆形，长约 2mm，翅膜质，宽为果的 1/2，稀与果等宽。花期 9 ～ 10 月，果熟期翌年 11 ～ 12 月（滇中）。

◎**分布：** 几产云南省各地；西藏东南部、四川西南部、贵州亦有分布。尼泊尔、不丹、锡金、印度也有。

◎**生境和习性：** 生于海拔 500 ～ 3600m 的湿润坡地或沟谷台地林中，有时组成纯林。根系发达，耐潮湿土壤，常种植于河边用以防洪和防水土流失。

◎**观赏特性及园林用途：** 观赏树形，适于公园、庭园的低湿地庭荫树；或作混交植片林，风景林。

华　榛

Corylus chinensis

桦木科　榛属

别名：山白果

形态特征：乔木，高达 20m；树皮灰褐色，纵裂；幼枝褐色，密被长柔毛及刺状腺体，稀无毛、无腺体，通常基部具淡黄色长毛。叶厚纸质，宽椭圆形或宽卵形，长 8～15cm，宽 6～10cm，顶端骤尖至短尾状，基部心形，两侧显著不对称，边缘具不规则的钝锯齿，叶面无毛，背面沿脉疏被淡黄色柔毛，有时具刺状腺体，侧脉 7～10 对；叶柄长 2～2.5cm，密被淡黄色长柔毛及刺状腺体。雄花序为葇荑花序，常 2～8 枚排列成总状，长 2～5cm；苞鳞三角形，锐尖，顶端具 1 枚易脱落的刺状腺体。果 2～6（～10）枚聚生成短穗状，长 3～5cm；果苞管状，于果之上部缢缩，较果长 2 倍；坚果球形，长 1～1.5cm，光滑无毛。果期 10 月。

◎**分布：**产云南丽江、中甸、德钦、维西、鹤庆、大理、镇雄、嵩明等地；四川西南部亦有分布。

◎**生境和习性：**生于海拔 2000～3400m 的湿润山坡林中。阳性树种，喜温凉、湿润的气候环境和肥沃、深厚、排水良好的中性或酸性的山地黄壤和山地棕壤。

◎**观赏特性及园林用途：**高大挺拔，绿荫深浓，秋叶黄色，宜作庭荫树。宜在草坪中孤植、丛植或在山坡上成片种植。

大花五桠果

Dillenia turbinate

五桠果科　五桠果属

别名： 大花第伦桃，各班肉，枇杷树

◎**分布：** 产云南麻栗坡；分布于广西、广东、海南。越南亦有分布。

◎**生境和习性：** 生于海拔 1000m 的密林中。

◎**观赏特性及园林用途：** 树姿优美，叶色青绿，树冠开展如盖，分枝低，下垂至近地面，具有极高的观赏价值。可作热带、亚热带地区的庭园观赏树种、行道树或果树。同时，由于其叶形优美，叶脉清晰，盆栽观叶也极为适宜。

形态特征： 常绿乔木，高达 30m；树皮灰色或淡灰绿色；幼枝粗壮，密被锈色长硬毛，具近镰刀状叶痕。单叶互生，叶片革质，倒卵形，稀倒卵状长圆形，长 15 ～ 30cm，宽 8 ～ 14cm，先端圆形或钝，稀急尖，基部阔楔形并下延成狭翅状，边缘具疏离的牙齿或近全缘，表面深绿色，背面淡绿色，疏被短硬毛，中脉在上面凹陷，背面极隆起并具纵棱及沟，侧脉 15 ～ 22 对，平行，直达齿尖，表面凹陷，背面突起，第三级脉平行，背面凸起，细脉网状；叶柄上面具槽，两侧具狭翅。总状花序顶生，长 1.5 ～ 7cm，具 2 ～ 4 花；花直径 10 ～ 13cm，萼片 5，革质，卵形，外面 2 枚较大，里面 3 枚稍小；花瓣 5，膜质，倒卵形，亮黄色，稀白色或粉红色，长 55 ～ 70mm，宽 35 ～ 75mm。果近球形，红色，直径约 5cm。花期 2 ～ 5 月。

五桠果

Dillenia speciosa

五桠果科　五桠果属

别名：西湿阿地，第伦桃

形态特征：常绿乔木，高达30m；树干常弯曲，树皮平滑，厚，橙褐色或暗橙红色，常呈小而薄的片状脱落；幼枝粗壮，绿色，被紧贴的绢状毛。叶片革质，长圆形，长10～35cm，宽5～15cm，幼树叶长达70cm，宽18cm，先端急尖至渐尖，基部圆形至急尖，边缘具疏齿，表面亮绿色，背面淡绿色，其余无毛，侧脉25～50对，平行，表面平坦，背面突起，三级脉平行，背面突起；叶柄具槽。花单生枝顶，直径15～20cm；萼片5，广椭圆形，淡黄绿色，外面2片，里面3片，宿存；花瓣5，倒卵形，白色，有绿色脉纹，长7～9cm，宽5～6.5cm。果近球形，淡黄绿色，直径8～10cm，包藏于增大的萼片内。花期7～10月，果期10～12月。

◎**分布：**产云南屏边、金平、麻栗坡、河口、绿春、思茅、普洱、景洪、勐海、勐腊等地；广西亦有分布。

◎**生境和习性：**生于海拔220～800m的密林中、溪旁。喜欢温暖湿润气候，耐阴。适生在土层深厚，腐殖质丰富的热带山地黄壤、砖红壤性黄土。

◎**观赏特性及园林用途：**树冠开展，亭亭如盖；花大、艳丽，甚为美丽，宜作庭荫树及行道树。

茶　梨

Anneslea fragrans

山茶科　茶梨属

别名：红楣，猪头果，红石榴

形态特征：乔木或灌木，高 4 ～ 15m；幼枝无毛，圆柱形，红棕色；顶芽卵形，无毛。叶厚革质，常密集于小枝顶端，长圆形或长圆状披针形，长 8 ～ 15cm，宽 3 ～ 5cm，先端急尖或钝，稀圆形，基部楔形，边缘上部具不明显的波状锯齿，叶面深绿色，略具光泽，背面淡绿色，具褐色细腺点，中脉在叶面微凹，背面隆起，侧脉 10 ～ 12 对，两面略突或不显。花数朵或多花簇生于小枝上部叶腋；花乳白色；花梗紫红色；花萼杯状，基部合生，萼片卵圆形；花瓣基部合生长约 5mm，裂片阔卵形，长约 1.5cm，先端急尖。果为浆果状，近球形，直径 2 ～ 3.5cm，上部冠以宿存萼片，每室有 2 ～ 3 颗种子。花期 12 至次年 2 月，果期 8 ～ 10 月。

◎**分布：**产云南东南部、南部至西南部；贵州、广西、广东和江西南部有分布。中南半岛也有分布。

◎**生境和习性：**生于海拔 1100 ～ 2000m 的阔叶林中或林缘灌丛。喜温暖湿润，稍耐庇荫，常于谷地同其他常绿阔叶树种混生。

◎**观赏特性及园林用途：**冠形整齐，枝叶浓密，花果繁多，花色鲜艳，观赏价值较高。可作园景树，丛植或孤植，或于小路旁，草地边缘等处种植。

厚皮香

Ternstroemia gymnanthera

山茶科　厚皮香属

别名： 珠木树，猪血柴，水红树

形态特征： 灌木或小乔木，高 1.5～10（～15）m；小枝圆柱形，淡紫红色，无毛。叶革质，倒卵形、倒卵状椭圆形或长圆状倒卵形，长 4～9cm，宽 1.5～3.5cm，先端钝或钝急尖，基部楔形，全缘或少有上半部具疏钝齿，叶面深绿色，有光泽，背面淡绿色，干后多少变暗红色，中脉在叶面凹陷，背面突起，侧脉 5～7 对，两面不显；叶柄长 7～13mm，上面具槽。花淡黄白色，直径约 1cm，花梗长约 1cm，通常向下弯曲；萼片卵圆形或阔椭圆形，边缘具腺体；花瓣倒卵形，长约 6mm，先端微凹。果圆球形，径 8～10mm，紫红色；种子每室 2 颗。花期 5～7 月，果期 10～11 月。

◎**分布：** 广布云南省各地；长江以南各省区均有分布。

◎**生境和习性：** 生于海拔 1100～2700m 的阔叶林、松林下或林缘灌丛中。喜阴湿环境，在常绿阔叶树下生长旺盛。喜光，较耐寒，能忍受 –10℃低温。喜酸性土，也能适应中性土和微碱性土。根系发达，抗风力强，萌芽力弱，生长缓慢，不耐强度修剪，抗污染力强。

◎**观赏特性及园林用途：** 树冠浑圆，枝叶繁茂，层次感强，叶色光亮，肥厚，入秋绯红，适宜种植在林下，作为基础种植材料。抗有害气体能力强，是厂矿区优良的绿化树种。

西南木荷

Schima wallichii

山茶科　木荷属

别名： 峨眉木荷，红木荷，红毛木树

形态特征： 乔木，高10～15m；顶芽密被白色绒毛；小枝灰褐色，密生白色皮孔，幼枝被黄色柔毛，具纵向条纹。叶革质，阔椭圆形至椭圆形，长8～17.5cm，宽4～7.5cm，先端急尖，基部阔楔形，全缘，叶面深绿色，无毛，背面干后淡绿色至黄褐色，疏生平伏柔毛或变无毛，沿中脉被开展柔毛，中脉在叶面凹陷，背面隆起，侧脉8～12对，和网脉在两面突起。花生于小枝上部叶腋，单生或2～3朵簇生叶腋，白色，芳香，直径3.5～4cm；萼片半圆形或星月形边缘具睫毛；花瓣阔倒卵形，长1.5～2cm，宽1～1.5cm，先端圆形，外面近基部被柔毛。蒴果圆球形，直径约2cm，褐色，成熟后5瓣裂；种子肾形。花期4～5月，果期11～12月。

◎**分布：** 产云南东南部、南部至西南部；贵州南部和广西南部也有分布。

◎**生境和习性：** 生于海拔（300～）800～1800（～2700）m的常绿阔叶林或混交林中。

◎**观赏特性及园林用途：** 树冠浓荫，花芳香，可作为庭荫树及风景树。

银木荷

Schima argentea

山茶科　木荷属

别名：竹叶木荷

形态特征：乔木，高 6～15m；顶芽密被白色绢毛；小枝褐色，无毛，疏生白色皮孔，幼枝被白色平伏柔毛。叶薄革质，长圆形至披针形，长 8～14cm，宽 2～5cm，先端渐尖至长渐尖，基部楔形，全缘，略反卷，叶面绿色，有光泽，无毛，背面常有白霜，疏生平伏柔毛或变无毛，中脉在叶面平，背面突起，侧脉约 10 对，纤细，两面清晰或略突；叶柄长 1～1.5cm，疏生柔毛或近无毛。花腋生，单生或 3～8 朵排列成伞房状总状花序；萼片近圆形，边缘具睫毛，里面密被绒毛；花瓣阔倒卵形，长 1.5～1.8cm，宽 1～1.5cm，先端圆形，基部略合生，外面近基部被白色绢毛。蒴果球形，5 瓣裂。花期 7～9 月，果期 12 月至次年 2 月。

◎**分布：**在云南省除东南部外，广布于全省各地；四川西南部也有分布。

◎**生境和习性：**生于海拔 1600～2800（～3200）m 的阔叶林或针阔混交林中。

◎**观赏特性及园林用途：**树冠浓荫，花芳香，可作为庭荫树及风景树。因叶厚革质，耐火烧，萌芽力强，故可植为防火带树种。

滇山茶

Camellia reticulata

山茶科　山茶属

别名：云南红花油茶，云南野山茶，贵州红山茶

形态特征：灌木或乔木，高 3 ～ 15m；幼枝粗壮，被柔毛或变无毛，淡棕色。叶革质，阔椭圆形、椭圆形或长圆状椭圆形，长 7.5 ～ 12cm，宽 3 ～ 6cm，先端急尖或短渐尖，基部楔形或阔楔形，稀近圆形，边缘具细锯齿，叶面深绿色，有光泽，背面淡绿色，常被柔毛或变无毛，侧脉和网脉两面突起。花腋生或近顶生，单生或 2 朵簇生，鲜红色，直径 6 ～ 8cm；无花梗；小苞片和萼片约 10 枚，外面密被黄色绵毛或绒毛，里面被黄色绢毛；花瓣 5 ～ 7 枚（栽培品种为重瓣），倒卵形，长 4 ～ 6cm，宽 3 ～ 5cm，先端凹入，基部连合；雄蕊多数。蒴果球形或扁球形，3 室，每室有种子 1 ～ 2 颗；种子半球形或球形。花期 1 ～ 2 月，果期 9 ～ 10 月。

◎**分布：**产云南盈江、瑞丽、龙陵、腾冲、保山、永平、永德、临沧、凤庆、大理、漾濞、祥云、剑川、华坪、鹤庆、丽江、大姚、楚雄、武定、禄劝、东川、寻甸、嵩明、富民、昆明、易门、双柏、峨山、元江；四川西南部和贵州西部也有分布。

◎**生境和习性：**生于海拔 1500 ～ 2500（～ 2800）m 的阔叶林或混交林中。

◎**观赏特性及园林用途：**花朵硕大，色彩艳丽，叶片苍翠，在冬春季节构成了云南高原的独特景观。花期正值少花季节，而更显珍贵稀有。可孤植、群植于公园、庭院及风景区，也常盆栽观赏。

肋果茶

Sladenia celastrifolia

猕猴桃科　毒药树属

别名：毒药树

形态特征：乔木，5～18（～30）m。叶纸质，卵形至长圆状椭圆形，长7～16.5cm，宽3～5.5cm，先端渐尖至尾尖，基部楔形，多少下延，边缘具锯齿，表面绿色，幼叶背面被柔毛，成叶两面无毛，中脉在表面凹陷，背面隆起，侧脉6～8对，两面突起，网脉两面略突。花序腋生，二歧聚伞状，通常3次分枝，有花15朵；花瓣长圆形，长5～6mm，宽2～3mm，先端圆形，无毛；雄蕊通常10。果长圆锥形或瓶状，先端细缩，长7～8mm。种子三棱状膨大，具膜质翅，长约3mm，宽约1mm。花期6月，果期9月。

◎**分布：**产云南勐腊、景洪、勐海、澜沧、思茅、沧源、临沧、潞西、凤庆、景东、保山、大理、宾川、禄劝、富民、双柏、新平、元江、路南；贵州西部也有分布。

◎**生境和习性：**生于海拔（760～）1100～1900m的沟谷常绿阔叶林中，较耐阴，具有一定耐水湿能力。

◎**观赏特性及园林用途：**枝叶茂密，四季常青，树冠圆整紧凑，适合用作行道树和庭荫树。

尼泊尔水东哥

Saurauia napaulensis

猕猴桃科　水东哥属

别名：鼻涕果，锥序水东哥，枇杷树

形态特征：乔木或灌木，高 2 ～ 20m。小枝被爪甲状或钻状鳞片，被浅褐色短柔毛，或渐脱净。叶片薄革质，长椭圆形或倒卵状椭圆形，长 18 ～ 30cm，宽 7 ～ 12cm，先端钝或短渐尖，基部窄楔形或稍钝，叶缘具浅锯齿，齿端内弯，叶面无毛，背面被薄层秕糠状短绒毛，侧脉 30 ～ 40 对。花序圆锥式，生于叶腋，长 12 ～ 33cm，中部以上分枝，分枝处具苞片；中部以下具近对生的苞片 2 枚，苞片卵状披针形，早落；花粉红色或红色，直径 0.8 ～ 15cm。萼片 5，排成 2 轮，外 3 枚小，内 2 枚大；花瓣 5，矩圆形，长约 8mm，基部合生；雄蕊 50 ～ 90 枚，着生于花瓣基部。果扁球形或近球形，直径 7 ～ 12mm。绿色至淡黄色。花果期 5 ～ 12 月。

◎分布：产云南丽江、潞西、大理、沧源、临沧、双柏、峨山、景东、西盟、思茅、江城、景洪、绿春、元阳、个旧、蒙自、金平、屏边、河口、绥江、盐津、罗平和西畴等地；分布于广西西部。

◎生境和习性：生于海拔 450 ～ 2500m 的河谷或山坡常绿林或灌丛中。

◎观赏特性及园林用途：观花、观叶、观树姿，适合作为庭荫树。

大叶藤黄

Garcinia xanthochymus

藤黄科　藤黄属

别名: 人面果，岭南倒捻子，歪脖子果

形态特征: 乔木，高 8 ~ 20m，树皮灰褐色，分枝细长，多而密集，平伸，先端下垂，小枝和嫩枝具明显纵棱。叶两行排列，厚革质，具光泽，椭圆形、长圆形或长方状披针形，长 20 ~ 34cm，宽 6 ~ 12cm，顶端急尖或钝，稀渐尖，基部楔形或宽楔形，中脉粗壮，两面隆起，侧脉密集，多达 35 ~ 40 对，网脉明显；叶柄粗壮，基部马蹄形，微抱茎，枝条顶端的 1 ~ 2 对叶柄通常玫瑰红色。伞房状聚伞花序，有花 5 ~ 10 朵，腋生或从落叶叶腋生出总梗长约 6 ~ 12mm；花两性，5 数；萼片和花瓣 3 大 2 小，边缘具睫毛；雄蕊花丝下部合生成 5 束，先端分离。浆果圆球形或卵球形，成熟时黄色，外面光滑。花期 3 ~ 5 月，果期 8 ~ 11 月。

◎**分布:** 产云南南部和西南部至西部（尤以南部西双版纳分布较集中）及广西西南部（零星分布），广东有引种栽培。喜马拉雅山东部，孟加拉东部经缅甸、泰国至中南半岛及安达曼岛也有，日本有引种栽培。

◎**生境和习性:** 生于沟谷和丘陵地潮湿的密林中，海拔（100 ~ ）600 ~ 1000（ ~ 1400）m。

◎**观赏特性及园林用途:** 观叶、观树姿，适合作为庭荫树。

铁力木

Mesua ferrea

藤黄科　铁力木属

别名：铁栗木，铁棱，埋波朗

形态特征：常绿乔木，高 20 ～ 30m（栽培者 8 ～ 16m）；具板状根；树皮薄，外皮薄片状开裂，内皮淡红色；嫩枝鲜红褐色。嫩叶黄色带红，老时革质，通常下垂，长（4 ～）6 ～ 10（～ 12）cm，宽（1 ～）2 ～ 4cm，披针形或狭椭圆状披针形至线状披针形，先端渐尖或长渐尖至短尾尖，基部楔形，表面暗绿色，微具光泽，背面通常被白粉，侧脉多数；柄长 0.5 ～ 0.8cm。花两性，1 ～ 2 顶生或腋生，直径 5 ～ 6cm；花瓣白色，楔状倒卵形，长 1.5 ～ 2cm；雄蕊多数，分离。果卵状球形或扁球形，成熟时长 2.5 ～ 3.5cm。花期 3 ～ 5 月，果期 8 ～ 10 月，有时花果并存。

◎**分布：**产云南西双版纳、孟连、耿马、沧源、瑞丽、陇川、梁河；广东（信宜）、广西（藤县和容县）也有分布，通常零星栽培，只有在云南耿马县孟定，尚保存有小面积的逸生林。

◎**生境和习性：**生于海拔 540 ～ 600m 的低丘斜坡。

◎**观赏特性及园林用途：**树干端直，枝叶茂密，树冠锥形、圆整美观，是优良的园林绿化树种，花有香气，适宜于庭园绿化观赏，作孤赏树或行道树。

滇藏杜英

Elaeocarpus braceanus

杜英科　杜英属

别名：橄榄，铁力木，鬼眼睛

形态特征：乔木，高达15m。嫩枝密被锈褐色绒毛，老枝变无毛，小枝被较密的白色皮孔。叶椭圆形、长圆形、倒卵状长圆形或倒卵状宽披针形，先端渐尖、短渐尖或急尖，基部圆形或急尖，边缘具疏浅锯齿、波状锯齿或锯齿，长12～15cm，宽4～6cm；侧脉11～12对，弯曲上升，中脉和侧脉上面平坦，下面隆起，叶下面被锈色绒毛。总状花序生于小枝下部脱落叶的腋部，密集，多花，长达15cm；萼片5，披针形，两面被毛，边缘具绒毛；花瓣5，长4～6cm，两面被毛，边缘具睫毛，上部撕裂，裂至中部，小裂片30～40；雄蕊33～48。核果椭球形，长达4cm，直径达2.5cm，被锈褐色绒毛或有时无毛，内果皮有深的纵条纹。

◎分布：产云南盈江、腾冲、龙陵、潞西、昌宁、凤庆、景东、瑞丽、永德、双江、景谷、沧源、普洱、元江、绿春、西双版纳；西藏有分布。

◎生境和习性：生于海拔800～2400m的沟谷、山坡常绿阔叶林中。

◎观赏特性及园林用途：枝叶茂密，树冠圆整，是优良的园林绿化树种。

山杜英

Elaeocarpus sylvestris

杜英科　杜英属

别名： 香菌树，羊屎树，胆八树

形态特征： 常绿乔木，高达15m。嫩枝细，无毛或被极短柔毛，有条纹。叶倒卵形或有时倒卵状长圆形或椭圆形，先端短渐尖，尖头钝，基部楔形，叶基下延，在叶柄上成窄翅，边缘具钝锯齿，两面无毛；侧脉4～8对，纤细，常为4～5对，弧曲上升，近边缘分枝网结，上面平，下面突起。总状花序生于生长叶或脱落叶的腋部，长4～7cm；萼片5，披针形；花瓣5，外面无毛，里面疏被柔毛，上部撕裂，小裂片10～12；雄蕊15。核果椭球形，无毛，长1～1.5cm，直径7mm，外果皮不光亮，内果皮近平滑，有3条纵缝。

◎**分布：** 产云南澜沧、勐海、金平、屏边、河口、文山、西畴、马关、麻栗坡、富宁；广西、广东、海南、福建、湖南、贵州、四川、浙江等有分布。中南半岛也有分布。

◎**生境和习性：** 生海拔600～1550（～2000）m的常绿阔叶林中。稍耐阴，喜温暖湿润气候，耐寒性不强，不耐积水，若在平原栽植，必须排水良好。对二氧化硫抗性强。

◎**观赏特性及园林用途：** 枝叶茂密，树冠圆整，霜后部分叶变红色，红绿相间，十分美丽。是优良的园林绿化树种，因其对二氧化硫抗性强，可应用于工矿区绿化及防护林。

梭罗树

Reevesia pubescens

梧桐科　梭罗属

别名： 毛叶梭罗

形态特征： 乔木，高达 16m；树皮灰褐色，有纵裂纹；小枝幼时被星状短柔毛。叶薄革质，椭圆状卵形，长圆状卵形或椭圆形，长 7 ～ 12cm，宽 4 ～ 6cm，顶端渐尖或急尖，基部钝形、圆形或浅心形，叶面被稀疏的短柔毛或几无毛，背面密被星状短柔毛。聚伞状伞房花序顶生，长约 7cm，被毛；花梗比花短，长 8 ～ 11mm；萼倒圆锥状，长 8mm，5 浅裂，裂片广卵形，先端急尖；花瓣白色或淡红色，条状匙形，长 1 ～ 1.5cm，外面被短柔毛，雌雄蕊柄长 2 ～ 3.5cm。蒴果梨形或长圆状梨形，长 2.5 ～ 3.5cm（有些可达 5cm），有 5 棱，密被淡褐色短柔毛。种子连翅长约 2.5cm。花期 5 ～ 6 月。

◎**分布：** 产云南维西、贡山、景东、腾冲、勐海等地；广西、广东（海南）、贵州和四川（峨眉山、金佛山）有分布。锡金、不丹、缅甸、泰国、老挝、越南等地也有分布。

◎**生境和习性：** 生于海拔 250 ～ 550m 的山坡或山谷疏林中。喜阳光充足和温暖环境，耐半阴，耐湿，土壤需排水良好、肥而深厚，冬季温度不低于 –8℃。

◎**观赏特性及园林用途：** 四季常绿，花白色，盛开时，好似雪盖满树，幽香宜人，是值得应用的优良绿化观赏树，适合作孤赏树、行道树和庭荫树等。

云南梧桐

Firmiana major

梧桐科　梧桐属

形态特征：落叶乔木，高达 14m；树皮青带灰黑色，略粗糙；小枝粗壮，被短柔毛。叶掌状 3 裂，长 17 ~ 30cm，宽 19 ~ 40cm，宽度常比长度大，顶端急尖，基部心形，叶面几无毛，背面密被黄褐色短柔毛，后逐渐脱落；基生脉 5 ~ 7 条；叶柄粗壮，长 15 ~ 45cm，初被柔毛，后无毛。圆锥花序顶生或腋生，花紫红色；萼 5 深裂几至基部，萼片长条形或长圆状条形，长约 12mm，被毛。蓇葖果膜质，长约 7cm，宽 4.5cm，几无毛。种子圆球形，直径约 8mm，黄褐色，表面有绉纹。花期 6 ~ 7 月，果熟期 10 月。

◎**分布：**产于云南中部、中南部和西部，生于海拔 1600 ~ 3000m 的山地或坡地，村边路边也常见。

◎**生境和习性：**阳性，喜温暖湿润的环境；耐寒，耐干旱及瘠薄。

◎**观赏特性及园林用途：**树姿挺拔雄伟，枝叶茂盛，为优良庭荫树和行道树。

木　棉

Bombax malabaricum

木棉科　木棉属

别名： 红棉，英雄树，攀枝花

形态特征： 落叶大乔木，高可达25m，树皮灰白色，幼树的树干通常有圆锥状的粗刺；分枝平展。掌状复叶，小叶5～7片，长圆形至长圆状披针形，长10～16cm，宽3.5～5.5cm，顶端渐尖，基部阔或渐狭，全缘，两面均无毛，羽状侧脉15～17对；叶柄长10～20cm。花单生枝顶叶腋，通常红色，有时橙红色，直径约10cm；萼杯状，长2～3cm，外面无毛，内面密被淡黄色短绢毛；萼齿3～5，半圆形；花瓣肉质，倒卵状长圆形，长8～10cm，宽3～4cm，二面被星状柔毛；外轮雄蕊多数，集成5束，每束花丝10枚以上。蒴果长圆形，长10～15cm，粗4.5～5cm，密被白灰色长柔毛和星状柔毛。花期3～4月，果夏季成熟。

◎**分布：** 产云南省大部地区；分布于四川、贵州、广西、江西、广东、福建、台湾等省区热带地区。

◎**生境和习性：** 生长于海拔1400（～1700）m以下的干热河谷及稀树草原或沟谷季雨林内，喜温暖干燥和阳光充足环境。不耐寒，稍耐湿，忌积水。耐旱，抗污染、抗风力强。生长适温20～30℃，冬季温度不低于5℃，以深厚、肥沃、排水良好的砂质土壤为宜。

◎**观赏特性及园林用途：** 树形高大雄壮，枝干舒展，花硕大红艳，远观好似一团团在枝头尽情燃烧、欢快跳跃的火苗，极富感染力。因此，历来被视为英雄的象征。可植为院庭观赏树、行道树。

栀子皮

Itoa orientalis

大风子科　栀子皮属

别名：伊桐，盐巴菜

形态特征：常绿乔木，高达20m；幼枝被毛，后变无毛，具白色圆形至卵形皮孔。叶常互生，有时近对生，或在枝顶成簇生状，椭圆形，长15～30cm，宽5～8cm，上面光亮无毛，下面暗淡，具黄色柔毛，基部圆或心形，顶端细尖，边缘具粗糙齿，主脉明显，三级侧脉成疏网状；叶柄长2～6cm，被柔毛；雄花组成直立圆锥花序，长达15cm，顶生；雌花单朵顶生；雄花：萼片3～4，卵状三角形，长10～12mm，被毛，雄蕊花丝细长，花药背着，退化雄蕊具硬毛。蒴果卵形，1室，长8cm，宽6cm以上，具褐色绒毛，后变无毛；果柄被柔毛；种子压扁，周围具一膜质翅。

◎**分布：**产云南新平、沧源、金平、屏边、文山、富宁；分布于四川、贵州、广西、广东、海南。

◎**生境和习性：**生海拔500～1600m的常绿阔叶林中。喜温暖、较阴湿的环境，不耐寒。

◎**观赏特性及园林用途：**树姿优美，叶大荫浓，果实纺锤状。在园林中可混植于树丛内，或作庭荫树。

柽 柳

Tamarix chinensis

柽柳科　柽柳属

别名：柽，垂丝柳，观音柳

形态特征：落叶灌木或小乔木，高 5 ～ 7m。枝条紫红色、暗红色或淡棕色，嫩枝纤细，下垂。叶钻形或卵状披针形，长 1 ～ 3mm，先端尖，背面有瘤状突起物。总状花序组成顶生圆锥花序；苞片线状凿形，基部膨大。花柄纤细；萼片 5，狭长卵形；花瓣 5，紫红色，通常卵状椭圆形，较萼长，果时宿存；花盘 10 或 5 裂，紫红色，肉质；雄蕊 5，长于花瓣，着生于花盘的裂片之间；子房圆柱形，柱头 3，棒状。蒴果长 3.5mm。花果期 6 ～ 10 月。

◎**分布：**产云南昆明、双柏、丽江；华北至长江中下游各省区均有分布。

◎**生境和习性：**生于海拔 1910 ～ 2500m 的山沟、路旁。喜光、耐旱、耐寒，亦较耐水湿。极耐盐碱、沙漠地。

◎**观赏特性及园林用途：**枝叶纤细悬垂，婀娜可爱，一年开花三次，鲜绿粉红花相映成趣。在庭院可作绿篱用，适于就水滨、池畔、桥头、河岸、堤防种植，也是防风固沙的优良树种之一。

滇　　杨

Populus yunnanensis

杨柳科　杨属

别名： 云南白杨

形态特征： 乔木，高20余米。树皮黑褐色，纵裂，树冠宽塔形；小枝有棱脊，无毛，红褐色或绿黄色；老枝棱渐变小，黄绿色；芽椭圆状圆锥形，无毛，有丰富的芽脂。叶卵形，长卵形或椭圆状卵形，长4～16（～26）cm，宽2～12（～22）cm，先端长渐尖或渐尖，基部圆形、宽楔形或楔形，极稀浅心形，边缘具腺锯齿，上面绿色，下面绿白色，中脉带红色或黄绿色，从基部向上第二对侧脉通常在叶片中部以下到达边缘；叶柄半圆柱形，长2～9cm，红褐色或黄绿色，上面有沟槽；托叶三角状披针形。雄花序长12～20cm；花被浅杯状，雄蕊20～40；雌花序长10～15cm。蒴果3～4瓣裂。花期4月，果期5月。

◎**分布：** 产云南昆明、禄劝、丽江、剑川、维西、大理、宾川；四川、贵州也有分布。

◎**生境和习性：** 生于海拔2600～3000m的山谷溪旁或杂木林中；在海拔1900m左右的昆明附近，栽培于村旁绿化和作行道树，生长良好。喜光，喜温凉气候。较喜水湿，在土层较厚、湿润、肥沃的土壤生长良好。

◎**观赏特性及园林用途：** 树干挺直，雄伟壮观，秋叶金黄。在园林中植于草坪、水边、山坡等地，亦可种植作防护林。适生于土层深厚的宅旁、路旁、河池旁，以及沟谷地、冲积土、砂壤土栽植。常栽培为公路行道树。

露珠杜鹃

Rhododendron irroratum

杜鹃花科　杜鹃花属

别名：黄马缨花

形态特征：灌木或小乔木，高 1～9m；幼枝被绒毛和短柄腺体。叶革质，披针形或倒披针形，长 6～12cm，宽 2～3.5cm，先端急尖，基部钝或楔形，边缘多少皱波状，叶面无毛，中脉凹陷，侧脉 12～16 对，凹陷，叶背无毛，具腺体脱落后的红色小点，中脉极隆起，侧脉突起；叶柄上面具槽。花序总状伞形，有花 10～15 朵；总轴疏生红色腺体；花梗密生红色腺体；花冠筒状钟形，长 3～5cm，乳黄色、白色带粉红或淡蔷薇色，筒部上方具绿色至红色点子，外面多少具腺体，裂片 5；雄蕊 10，不等长。果长圆柱形，有腺体。花期 3～5 月，果期 9～11 月。

◎**分布：**产云南昆明、嵩明、寻甸、富民、禄丰、武定、禄劝、大姚、宾川、大理、漾濞、鹤庆、剑川、丽江、永平、巍山、凤庆、镇康、临仓、景东、元江、易门等地；四川西南部也有分布。

◎**生境和习性：**生于海拔 1800～3000（～3600）m 的常绿阔叶林、松林或杂木林中。

◎**观赏特性及园林用途：**花朵美丽，花淡黄色、白色或粉红色，有黄绿色至淡紫红色斑点，具有较高的园艺价值。宜布置于庭院、公园。

马缨花

Rhododendron delavayi

杜鹃花科　杜鹃花属

别名：马缨杜鹃

形态特征：灌木至小乔木，高达12m，树干直；幼枝被灰白色绵毛，后变无毛，粗5～8mm。叶革质，长圆状披针形或长圆状倒披针形，长7～16cm，宽2～5cm，先端急尖或钝，基部楔形至近圆形，叶面无毛，皱，中脉和侧脉显著凹陷，侧脉14～18对，叶背被灰白色至淡棕色厚绵毛，表面疏松，中脉隆起。花序多花密集，有花10～20朵；总轴长1～2cm，密被淡棕色绒毛；花萼小，长约2mm，被绒毛和腺体，5齿裂；花冠钟形，深红色，多少肉质，长4～5cm，里面基部具5个暗红色蜜腺囊，筒部上方有少数暗红色点，裂片5；雄蕊10，不等长。蒴果长圆柱形，长约2cm，粗约8mm，被红棕色绒毛，10室。花期3～5月，果期9～11月。

◎**分布：**广布云南全省；贵州西部也有分布。

◎**生境和习性：**生于海拔1200～3200m的常绿阔叶林或云南松林下，局部地区成马缨花纯林。喜凉爽、湿润气候，忌酷热干燥，不耐寒。富含腐殖质、排水良好的酸性土壤最适合。

◎**观赏特性及园林用途：**花团紧凑，犹如古时红缨枪上的红缨挂于枝头，花色红艳夺目。是西南地区极具特色的杜鹃种类，具有较高的园林观赏价值。宜配置于花坛、假山。

凸尖杜鹃

Rhododendron sinogrande

杜鹃花科 杜鹃花属

形态特征：乔木，高 5 ～ 12m；幼枝被灰白色紧贴毛被，粗 1.5 ～ 2cm。叶厚革质，宽大，椭圆形或长圆状椭圆形，长 20 ～ 70cm，宽 8 ～ 30cm，先端圆形或钝，具小凸尖头，基部阔楔形至圆形，叶面无毛，微皱，中脉凹陷或平，侧脉 14 ～ 18 对，明显凹陷，叶背被灰白至淡黄色黏结状紧贴毛被，中脉粗壮，极隆起，侧脉和网脉突起。花序总状伞形，有花 15 ～ 20 朵；总轴长 3 ～ 7cm，被微绒毛；花萼小，偏斜；花冠宽钟形，长 4.5 ～ 6cm，乳白色至淡黄色，里面基部具紫红色蜜腺囊，裂片 8 ～ 10，长约 1cm，宽约 1.5cm，先端微凹；雄蕊 18 ～ 20，不等长。花期 4 ～ 5 月，果期 10 ～ 11 月。

◎**分布：**产云南腾冲、泸水、云龙、漾濞、大理、碧江、贡山、德钦、中甸、丽江；西藏东南部也有分布。

◎**生境和习性：**分布于海拔（1700 ～）2400 ～ 3600m，生于常绿阔叶林至冷杉林中。

◎**观赏特性及园林用途：**硕大的叶片陪衬着淡黄色的花朵，十分美丽壮观，具有极高观赏价值。

柿　　树

Diospyros kaki

柿科　柿属

别名：柿花，牛心柿，金柿

形态特征：落叶乔木，高达 10m 以上；树皮鳞片状开裂；老枝具长圆形皮孔。叶互生，卵状椭圆形、阔椭圆形或倒卵形，长 7 ～ 15cm，宽 4.5 ～ 8cm，先端渐尖或急尖，基部楔形、阔楔形或近圆形，上面深绿色，有光泽，下面粉绿，侧脉 5 ～ 7 对，与中脉上面凹陷，下面突出，网脉仅下面明显。雄花通常 3 朵组成聚伞花序，花序序梗短，长 3 ～ 5mm，与花梗密被棕色柔毛；雄花花萼钟状，4 深裂；花冠坛状，花冠管长约 1cm，两面无毛，4 裂，裂片宽卵形，反折；雄蕊 16 ～ 24，着生花冠基部。雌花通常单生叶腋。果卵球形或扁球形，直径 2.5 ～ 7cm，熟时橙黄色或深橙红色。花期 4 ～ 6 月，果期 7 ～ 11 月。

◎分布：云南全省大部分地区有分布或栽培；原产我国，现广植于我国及世界各地。

◎生境和习性：对气候适应性强，耐寒。强阳性树种，不耐阴。喜湿润，也耐干旱，忌积水。深根性，耐瘠薄。抗污染性强。

◎观赏特性及园林用途：树形优美，叶大呈浓绿色且有光泽，秋季叶红，果实累累且不容易脱落，是观叶观果俱佳的景观树，适于庭院、公园中孤植或成片种植。也是村庄绿化的优良树种。

大花野茉莉

Styrax grandiflorus

安息香科　安息香属

形态特征：乔木或小乔木，高达12m；小枝圆柱形，灰褐色。叶膜质或薄纸质，长圆形或倒卵形或倒卵状长圆形，长4～11.5cm，宽2～5.5cm，先端短渐尖至急尖，具细尖头，基部楔形，稀阔楔形，全缘或上部具不明显疏离小锯齿，侧脉5～6对。单花腋生或排列成短总状花序生于侧枝顶端，长达9cm，被灰黄色星状绒毛；苞片线状披针形，早落；花白色，长2～2.5cm，花梗长1.5～2.5cm，被灰黄色绒毛；花萼杯状；花冠长约2cm，管长约5mm，裂片覆瓦状排列，长圆形或椭圆形或卵状长圆形，外面密被灰黄色星状毛，里面较疏；雄蕊10，内藏。果倒卵形或椭圆形，长约1.5cm，直径约1cm，外面被灰黄色绒毛，略具条纹。

◎**分布：**产云南东南至西南部；分布于贵州、广西、广东和西藏。

◎**生境和习性：**生于海拔700～2850m的林中。

◎**观赏特性及园林用途：**树形优美，开花期间朵朵白花悬垂于枝条，繁花似雪。适合配置于水滨湖畔或阴坡谷地、溪流两旁，或在常绿树丛边缘群植，白花映于绿叶中，饶有风趣。

瓦山安息香

Styrax perkinsiae

安息香科　安息香属

别名：毛柱野茉莉

形态特征：灌木或小乔木，高达10m；小枝圆柱形，紫褐色，树皮常呈长片状剥落，幼枝被灰黄色或锈色绒毛。叶膜质呈纸质，卵形或阔椭圆形或长圆状披针形，长5～12.5（～14）cm，宽2.5～5.5cm，先端渐尖或急尖，基部圆形，边缘具细密锯齿，被稀疏星状毛和分叉状毛，叶背灰白色，被极细绒毛，侧脉5～7对。花序总状，长3～5cm，具2～5花；花白色，芳香；花萼钟状，外面密被灰色绒毛和大的锈色星状毛；花冠长约1.5cm，花冠管长3～4mm，外面近基部无毛，向上被黄色星状绒毛，花冠裂片覆瓦状排列，卵状披针形或长圆形或椭圆形，外面被黄色星状绒毛；雄蕊10，内藏。果卵形，密被灰色或灰黄色星状毛，花萼宿存。

◎**分布：**产云南怒江和澜沧江流域（贡山、维西、碧江、泸水、漾濞、大理、腾冲、瑞丽）；四川西南部也有分布。

◎**生境和习性：**生于海拔1850～3200m的林中。

◎**观赏特性及园林用途：**树形优美，开花期间朵朵白花悬垂于枝条，繁花似雪。适合配置于水滨湖畔或阴坡谷地、溪流两旁，或在常绿树丛边缘群植，白花映于绿叶中，饶有风趣。

赤杨叶

Alniphyllum fortunei

安息香科　赤杨叶属

别名： 豆渣树，拟赤杨，依果白

形态特征： 落叶乔木，高8～15m；树皮灰白色或暗灰色；小枝圆柱形，幼枝紫褐色。叶纸质，倒卵形或阔卵形或椭圆形，长8～18cm，宽4～9.5cm，先端渐尖或急尖，基部圆形或阔楔形，边缘具疏锯齿，侧脉8～11对。花序总状或圆锥状，多花；花白色，被灰色星状毛；花萼钟状，被灰色星状毛；花冠管长约3mm，花冠裂片长圆形或椭圆形，长1.8～2cm，先端钝，两面被灰色星状微绒毛；果长圆柱状，长1.5～2cm，外果皮紫褐色，成熟后3裂。

◎**分布：** 产云南东南部和南部；分布于贵州、广西、广东、福建、台湾、江西、浙江、湖北。

◎**生境和习性：** 海拔（600～）1020～2100m的林中。分布较广、适应性较强，生长迅速，阳性树种，常与山毛榉科和茶科植物混生。

◎**观赏特性及园林用途：** 树形优美，开花期间朵朵白花悬垂于枝条，繁花似雪。适合作孤赏树。

铜绿山矾

Symplocos aenea

山矾科　白檀属

形态特征： 乔木，高3～8m。小枝粗壮，髓心横隔状。叶片革质，狭椭圆形或倒披针形，长10～15cm，宽3～5cm，先端具骤狭而短的尾状尖，基部楔形或近圆钝，边缘具疏离的腺齿，干后叶面铜绿色，叶背赤褐色，中脉在叶面凹下，侧脉每边10～20条，网脉不明显；叶柄粗壮具沟。团伞花序腋生；苞片质厚，褐色；小苞片卵形；花萼5裂，裂片有缘毛；花冠白色，长4～6mm，5深裂几达基部；雄蕊20～50枚。核果圆柱形，长8～10mm，直径约30mm。花期2～5月，果期6～9月。

◎**分布：** 产滇东北；分布于四川南部。

◎**生境和习性：** 生于海拔1000～1800m的常绿阔叶林及山坡灌丛中。

◎**观赏特性及园林用途：** 树形紧凑挺拔，十分美观；叶片浓绿，是优良的观形观叶树种。

短萼海桐

Pittosporum brevicalyx

海桐花科　海桐花属

别名：山桂花，万里香，万年青

形态特征：灌木或小乔木，高 4 ～ 10m。叶革质，披针形，倒披针形，倒卵状披针形，稀倒卵形，长 4 ～ 12cm，宽 2 ～ 5cm，顶端尖或渐尖，基部狭楔形，全缘；叶柄长 10 ～ 25mm。顶生圆锥花序，分枝多；花淡黄色，极芳香；花萼分离，膜质，不等大，长 1 ～ 3mm；花冠分离，长 6 ～ 8mm；子房被毛，花柱短而光滑无毛。蒴果卵圆形，直径 8 ～ 10mm，微扁，果爿薄，2 爿裂，种子 6 ～ 10 枚。花期 4 ～ 5 月，果期 6 ～ 11 月。

◎**分布：**产于云南东、东南、中、西、西北部；分布于广东、广西（凌云）、四川（木里、盐边、西昌）、贵州（都匀、八寨）及湖南。

◎**生境和习性：**生于海拔 700 ～ 2300（～ 2500）m 的林中。

◎**观赏特性及园林用途：**枝叶繁茂，树冠端正；叶色浓绿而又光泽，经冬不凋。通常可作行道树。也可孤植、丛植于草丛边缘、林缘或门旁，或列植在路边。

滇鼠刺

Itea yunnanensis

虎耳草科　鼠刺属

别名：烟锅杆树

形态特征：灌木或小乔木，高 1 ～ 10m。叶薄革质，卵形或椭圆形，长 5 ～ 10cm，宽 2.5 ～ 5cm，先端锐尖或短渐尖，基部钝或圆，边缘具刺状而稍向内弯的锯齿，两面无毛，侧脉 4 ～ 5 对；叶柄长 5 ～ 15mm。总状花序顶生，常俯弯至下垂，长达 20cm，被微柔毛；花梗被微柔毛，花时平展，果时下垂；萼齿三角形披针形，长 1 ～ 1.5mm，被微柔毛；花瓣淡绿色，线状披针形，长 2.5mm，花时直立；雄蕊比花冠短；花药长圆形；子房半下位，2 心皮紧贴；花柱单生，有纵沟。蒴果长约 6mm。

◎**分布：**分布于滇西北（远达贡山）、滇中（北达禄劝、宣威）、滇东南；广西、贵州、四川（木里）也有分布。

◎**生境和习性：**生于海拔（800 ～）1400 ～ 2700m 的针阔叶林下、杂木林内，以及河边、石山等处。

◎**观赏特性及园林用途：**树形端正美观，新叶嫩红，花序长而下垂，适用于庭院孤植观赏。

球花石楠

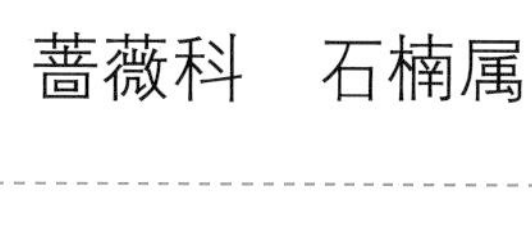

Photinia glomerata

蔷薇科　石楠属

形态特征： 常绿灌木或小乔木，高 6 ～ 10m。幼枝密被黄色绒毛。叶片革质，长圆形，披针形、倒披针形或长圆披针形，长 6 ～ 18cm，宽 2.5 ～ 6cm，先端短渐尖，基部楔形至圆形，常偏斜，边缘微外卷，有具腺体的内弯锯齿，上面中脉初有绒毛，后脱落而无毛，背面密生黄色绒毛，后多少脱落，脱落侧脉 12 ～ 20 对。花多数，密集成顶生复伞房花序，直径 6 ～ 11cm，总花梗数次分枝，花近无梗；总花梗、花梗和萼筒外面均密生黄色绒毛；花直径约 4mm，芳香；萼筒杯状；花瓣白色，近圆形，直径 2 ～ 2.5mm，先端钝圆；雄蕊 20，与花瓣约等长。果实卵形，长 5 ～ 7mm，直径 2.5 ～ 4mm，红色。花期 5 月，果期 9 月。

◎**分布：** 产云南盐津、昭通、香格里拉、丽江、宁蒗、剑川、宾川、沾益、双柏、易门、禄劝、昆明、嵩明、富民、武定、思茅；分布于湖北、四川。

◎**生境和习性：** 生于海拔 1400 ～ 2600m 的阔叶林中或疏林、灌丛、路边和山坡开阔地。喜温暖湿润的气候，抗寒力不强，喜光也耐阴，对土壤要求不严，以肥沃湿润的砂质土壤最为适宜，萌芽力强，耐修剪，对烟尘和有毒气体有一定的抗性。

◎**观赏特性及园林用途：** 枝繁叶茂，树形紧凑，叶、花、果均可观赏，春季新叶颜色变化丰富，花序大，整体效果好，秋冬还能欣赏红果。适应性强，可植于公园、庭园、墓地作为遮蔽视线的灌木，也可作为行道树。

云南山楂

Crataegus scabrifolia

蔷薇科　山楂属

别名： 山楂，文林果，山林果

形态特征： 落叶乔木，高达10m。枝条开展；当年生枝紫褐色，二年生枝暗灰色或灰褐色，散生长圆形皮孔。叶片卵状披针形至卵状椭圆形，稀菱状卵形，长4～8cm，宽2.5～4.5cm，先端急尖，基部楔形，边缘有稀疏不整齐圆钝重锯齿，通常不分裂或在不孕枝上数叶片顶端有不规则的3～5浅裂。伞房花序或复伞房花序，直径4～5cm；萼筒钟状，萼片三角状卵形或三角状披针形；花瓣近圆形或倒卵形，长约8mm，宽约6mm，白色；雄蕊20，比花瓣短。果实扁球形，直径1.5～2cm，黄色或带红晕，稀被褐色斑点；萼片宿存；小核5，内面两侧平滑，无凹痕。花期4～6月，果期8～10月。

◎**分布：** 产云南泸水、丽江、大理、洱源、宾川、砚山、漾濞、昆明、呈贡、安宁、嵩明、易门、双柏、峨山、新平、禄劝、沾益、陆良、临沧、耿马、文山、蒙自、西畴、河口、富宁；分布于贵州、四川、广西。

◎**生境和习性：** 生于海拔800～2400m的山坡杂木林中或次生灌丛中或林缘。

◎**观赏特性及园林用途：** 春季白花点点，季红果累累。可作园景树，也能做成大型盆景，配植于假山石旁。

垂丝海棠

Malus halliana

蔷薇科　苹果属

形态特征：乔木，高 4 ～ 7m。树冠开展，小枝细弱，微弯曲。叶片卵形或椭圆形至长椭卵形，长 3.5 ～ 8cm，宽 2.5 ～ 4.5cm，先端长渐尖，基部楔形至近圆形，边缘具钝圆细锯齿，中脉有时具短柔毛，其余部分无毛，上面深绿色，有光泽并常带紫晕；叶柄长 5 ～ 25mm，幼时被稀疏柔毛，老时近无毛。伞房花序，有 4 ～ 6 花。花梗纤细下垂，紫色；花直径 3 ～ 3.5cm；萼筒外面无毛，萼片三角状卵形，与萼筒等长或稍短；花瓣倒卵形，长约 1.5cm，基部具短爪，粉红色，常在 5 数以上；雄蕊 20 ～ 25 枚，花丝长短不一，约等于花瓣之半。果实梨形或倒卵形，直径 6 ～ 8mm，略带紫色。花期 3 ～ 4 月，果期 7 ～ 10 月。

◎**分布：**产云南香格里拉、丽江、昆明；分布于江苏、浙江、安徽、陕西、四川。

◎**生境和习性：**生于海拔 2500 ～ 3200m 的山谷疏林中。喜光，温暖湿润气候。微酸至微碱土壤均能生长，在深厚、肥沃、排水良好、稍黏的土壤生长最佳，不耐寒冷和干旱、水涝。

◎**观赏特性及园林用途：**花梗细长，花量大朵朵下垂故名垂丝，在花微微开放时最为鲜艳动人。秋季果实如红灯点点悬挂之间，也很喜庆。常以常绿树为背景，树下配以春花灌木。通道地段，对植、列植都很合适。

西府海棠

Malus micromalus

蔷薇科　苹果属

别名： 海红

形态特征： 小乔木，高 3 ～ 5m。老枝直立性强，小枝细弱。叶片长椭圆形或椭圆形，长 5 ～ 10cm，宽 2.5 ～ 5cm，先端急尖或渐尖，基部楔形稀近圆形，边缘有锐尖锯齿，嫩叶被短柔毛。伞形总状花序有花 4 ～ 7 朵，集生于小枝顶端，花梗长 2 ～ 3cm，嫩时被长柔毛，毛逐渐脱落；花直径 4cm；萼筒外面密被白色长绒毛，萼片三角状卵形、长卵形；花瓣近圆形或长椭圆形，长约 1.5cm，基部具短爪，粉红色；雄蕊 20，花丝长短不等，比花瓣稍短；花柱 5，基部被绒毛，约与雄蕊等长。果实近球形，直径 1 ～ 1.5cm，红色，萼多数脱落，少数宿存。花期 4 ～ 5 月，果期 8 ～ 9 月。

◎**分布：** 云南昆明有栽培；产辽宁、河北、山西、山东、陕西和甘肃。

◎**生境和习性：** 喜光，耐寒，忌水涝，忌空气过湿，较耐干旱，对土质和水分要求不高，最适生于肥沃、疏松又排水良好的沙质壤土。生长于海拔 100 ～ 2400m 的地区。

◎**观赏特性及园林用途：** 树姿直立，花朵密集。常以常绿树为背景，树下配以春花灌木。通道地段，对植、列植都很合适。

花　红

Malus asiatica

蔷薇科　苹果属

别名： 林檎，文林郎果，花红果

形态特征： 小乔木，高 4 ～ 6m。小枝粗壮，嫩枝密被柔毛。叶片卵形或椭圆形，长 5 ～ 11cm，宽 4 ～ 4.5cm，先端急尖或渐尖，基部圆形或宽楔形，边缘有细锐锯齿，上面有短柔毛，逐渐脱落，背面密被短柔毛；叶柄长 1.5 ～ 5cm，具短柔毛。伞房花序，具花 4 ～ 7 朵，集生在小枝顶端；花梗长 1.5 ～ 2cm，密被柔毛；花直径 3 ～ 4cm ；萼筒钟状，萼片三角状披针形；花瓣倒卵形或长圆状倒卵形，长 8 ～ 13mm，宽 4 ～ 7mm，淡粉色，基部具爪；雄蕊 17 ～ 20，花丝长短不等，较花瓣短。果实卵形或近球形，直径 4 ～ 5cm，黄色或红色，先端渐尖，不具隆起，基部凹入，宿存萼肥厚隆起。花期 4 ～ 5 月，果期 8 ～ 9 月。

◎**分布：** 产云南丽江、双柏、昆明；分布于内蒙古、辽宁、河北、河南、山东、山西、陕西、甘肃、湖北、四川、贵州、新疆。

◎**生境和习性：** 生于海拔 2000 ～ 2500m 的山坡灌木丛中。

◎**观赏特性及园林用途：** 春季开粉红色花。果实黄色或淡红色，香艳可爱，为花果并美观赏树木之一。适合庭院种植。

棠　梨

Pyrus betulifolia

蔷薇科　梨属

别名：杜梨

形态特征：乔木，高达15m。树冠开展，枝常具刺，小枝幼时密被灰白色绒毛。叶片菱状卵形至长卵形，长4～9cm，宽2.5～5.5cm，先端渐尖，基部宽楔形，稀近圆形，边缘具粗锐锯齿，幼时上下两面均被密被灰白色绒毛，成长后毛脱落，老叶上面无毛而有光泽，背面微被绒毛或近无毛。伞形总状花序，有花10～15朵，总花梗和花梗均被灰白色绒毛，花梗长2～2.5cm；苞片膜质，线形，长5～8mm，两面均微被绒毛，早落；花直径1.5～2cm，萼筒外面密被灰白色绒毛；花瓣白色，宽卵形，长5～8mm，宽3～4mm，先端钝圆，基部具短爪；雄蕊20。果实近球形，直径5～12mm。花期4月，果期8～9月。

◎**分布**：产云南德钦、耿马、勐海、思茅；分布于辽宁、河北、河南、山东、山西、陕西、甘肃、湖北、江苏、安徽、江西。

◎**生境和习性**：生于海拔650～2200m的平地、疏林中或杂木林内。

◎**观赏特性及园林用途**：春季开花时，叶尚未展开，满树洁白，颇为美丽；秋季果实累累，也有较好观赏性。可作庭荫树。

沙　梨

Pyrus pyrifolia

蔷薇科　梨属

别名： 麻安梨

形态特征： 乔木，高达 7 ～ 15m；小枝嫩时具黄褐色长柔毛或绒毛，二年生枝紫褐色或暗褐色，具稀疏皮孔。叶片卵状椭圆形或卵形，长 7 ～ 12cm，宽 4 ～ 6.5cm，先端长尖，基部圆形或近心形，稀宽楔形，边缘有刺芒锯齿。叶柄长 3 ～ 4.5cm。伞形总状花序，具花 6 ～ 9 朵，直径 5 ～ 7cm；花直径 2.5 ～ 3.5cm；萼片三角卵形，边缘有腺齿；花瓣卵形，长 15 ～ 17mm，先端啮齿状，基部具短爪，白色；雄蕊 20，长约等于花瓣之半；花柱 5。果实近球形，浅褐色，有浅色斑点，先端微向下陷，萼片脱落；种子卵形，微扁。花期 4 月，果期 8 月。

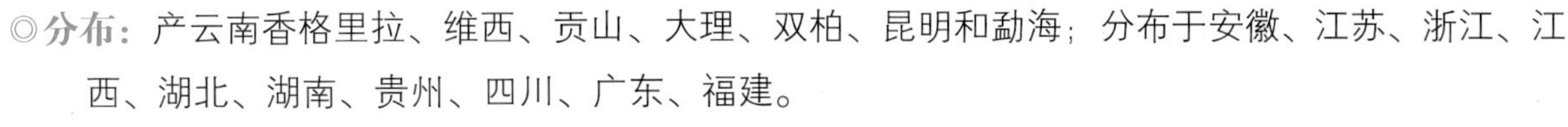

◎**分布：** 产云南香格里拉、维西、贡山、大理、双柏、昆明和勐海；分布于安徽、江苏、浙江、江西、湖北、湖南、贵州、四川、广东、福建。

◎**生境和习性：** 适宜生长于温暖及多雨的地区，生于 1080 ～ 2500m 的山坡阳处。

◎**观赏特性及园林用途：** 花繁密洁白，秋叶红或黄，果实较大而多，是观花、观叶、观果的优良树种，适合庭园观赏，也可营造花海景观。

冬樱花

Cerasus cerasoides

蔷薇科　樱属

别名：高盆樱桃，云南欧李，冬海棠，苦樱

形态特征：乔木，高3～10m，枝幼时绿色；老枝灰黑色。叶片卵状披针形或长圆披针形，长（4～8）～12cm，宽（2.2～）3.2～4.8cm，先端长渐尖，基部圆钝，叶边有细锐重锯齿或单锯齿，齿端有小头状腺，侧脉10～15对，上面深绿色，下面淡绿、无毛，网脉细密，近革质；叶柄先端有2～4腺；托叶线形，基部羽裂并有腺齿。总苞片大形，先端深裂；花梗长1～1.5cm，花1～3，伞形排列，与叶同时开放；萼筒钟状，常红色；花瓣卵圆形，先端圆钝或微凹，淡粉色至白色；雄蕊32～34，短于花瓣。核果圆卵形，长12～15mm，直径8～12mm，熟时紫黑色。花期10～12月。

◎**分布：**云南各地均有分布，分布于西藏南部。

◎**生境和习性：**喜光，温暖湿润气候及肥沃土壤，忌积水，畏严寒。

◎**观赏特性及园林用途：**冬季开花，花后萌发暗红色嫩叶，均十分美观。可作为城市行道树和庭荫树。也是营造花海景观优良树种。

云南樱花

Cerasus cerasoides var. *rubea*

蔷薇科　樱属

别名： 西府海棠，红花高盆樱

形态特征： 高大乔木，高达 30m。叶片长圆状卵形至长圆状倒卵形，长约 10cm，宽约 5cm，先端渐尖，边缘具单锯齿，背面中肋和细脉被长柔毛。花先叶开放，伞形总状花序，有短总梗，花 2～4 朵，深红色；花瓣倒卵形，先端全缘或微凹，深粉红色。花期 2～3 月。

◎**分布：** 产云南西北部、西部，滇中地区常见栽培。尼泊尔、不丹、缅甸也有。

◎**生境和习性：** 生于海拔 1500～2000m 的山坡疏林中。喜光，温暖湿润气候及肥沃土壤，忌积水，畏严寒。

◎**观赏特性及园林用途：** 花粉红色，近半重瓣，垂枝累累，十分美观。可作为景区行道树、庭荫树。

西南樱桃

Cerasus duclouxii

蔷薇科　樱属

形态特征：乔木或灌木，高约4m。小枝灰色或灰褐色。叶片倒卵椭圆形或椭圆形，长3.5～5cm，宽2～3.5cm，先端骤尖，基部圆形或楔形，边有尖锐锯齿，齿端有小腺体、上面绿色，疏被短毛或无毛，下面淡绿色，疏被柔毛或仅脉腋有簇毛，侧脉7～9对；叶柄长0.8～1cm，疏被短毛或无毛；托叶线形，边有腺齿。花序近伞形，有花3～5朵，先叶开放，下部有褐色革质鳞片包被；总梗密被开展柔毛；苞片很小，边有腺齿；萼筒钟状，萼片边缘有稀疏腺点；花瓣白色，卵形，先端下凹，稀不明显；雄蕊约33枚；花柱与雄蕊近等长。核果卵球形或椭球形，纵径长7～8mm，横径长5～6mm。花期3月，果期5月。

◎**分布：**产四川、云南。

◎**生境和习性：**生于山谷林中或有栽培，海拔达2300m。喜光，温暖湿润气候，忌积水，畏严寒。

◎**观赏特性及园林用途：**春季开白色花朵，先花后叶，花繁密洁白，有浓郁芳香，可作为城市行道树，或植于草坪、庭院。

钟花樱花

Cerasus campanulata

蔷薇科　樱属

别名：山樱花，绯樱

形态特征：乔木或灌木，高 3 ～ 8m。树皮黑褐色，小枝灰褐色或紫褐色，幼枝绿色。叶片卵形、卵状椭圆形或倒卵状椭圆形，薄革质，长 4 ～ 7cm，宽 2 ～ 3.5cm，先端渐尖，基部圆形，边缘急尖锯齿，常稍不整齐，上面绿色，无毛，下面淡绿色，无毛或脉腋有簇毛，侧脉 8 ～ 12 对；叶柄顶端常有腺体 2 个。伞形花序有花 2 ～ 4 朵，先叶开放，花直径 1.5 ～ 2cm；总苞片长椭圆形；苞片边有锯齿；萼筒钟状，基部略膨大；花瓣倒卵状长圆形，粉红色，先端色较深，下凹；雄蕊 39 ～ 41 枚；花柱通常比雄蕊长。核果卵球形，纵长约 1cm，横径 5 ～ 6mm，顶端尖。花期 2 ～ 3 月，果期 4 ～ 5 月。

◎**分布：**产云南双柏、新平等地。分布于浙江、福建、台湾、广东、广西。

◎**生境和习性：**生于海拔 1400m 的箐沟疏林中。喜光，温暖湿润气候，忌积水，畏严寒。

◎**观赏特性及园林用途：**植株优美漂亮，花朵鲜艳亮丽，是冬季和早春的优良花木。可被广泛用于绿化道路、小区、公园、庭院、河堤等，绿化效果明显，体现速度快。

云南移𣐿

Docynia delavayi

蔷薇科　移依属

别名： 酸多李皮，移依，大树木瓜

形态特征： 常绿乔木，高达 4 ～ 10m。枝条稀疏，小枝幼时密被黄白色绒毛，红褐色，老枝紫褐色。叶片革质，披针形或卵状披针形，长 6 ～ 8cm，宽 2 ～ 3cm，先端急尖或渐尖，基部宽楔形或近圆形，全缘或稍有浅锯齿，上面无毛，深绿色，有光泽，背面密被黄白色绒毛；叶柄长约 1cm，密被绒毛。花 3 ～ 5 朵，丛生于小枝顶端；花直径 2.5 ～ 3cm ；萼筒钟状，外面密被黄白色绒毛；花瓣白色，宽卵形或长圆状倒卵形，长 12 ～ 15mm，宽 5 ～ 8mm，基部具短爪；雄蕊 40 ～ 45 枚，花丝长短不等。果实卵形或长圆形，直径 2 ～ 3cm，黄色，幼果密被绒毛，成熟后微被绒毛或近于无毛；萼片宿存。花期 3 ～ 4 月，果期 5 ～ 6 月。

◎**分布：** 产云南丽江、鹤庆、大理、洱源、石屏、双柏、易门、嵩明、禄劝、峨山、元江、景东、临沧、凤庆、盈江、屏边、蒙自、金平、广南、砚山、河口、勐海。

◎**生境和习性：** 生于海拔 1180 ～ 2900m 的杂木林中或干燥山坡。喜光，稍耐阴；喜温暖湿润气候。宜生于排水良好、富含腐殖质的中性或微酸性的砂壤土。

◎**观赏特性及园林用途：** 春开白花，秋结黄果，甚美丽。是园林坡地、湖畔及草坪边缘绿化的好材料。

桃

Amygdalus persica

蔷薇科　桃属

别名：毛桃

形态特征：落叶小乔木；树冠宽广而平展。叶片长圆披针形、椭圆披针形，先端渐尖，基部宽楔形，叶边具细锯齿或粗锯齿。花单生，萼外被短柔毛；花粉红色，罕白色。果实形状和大小均有变异，卵形、宽椭圆形或扁圆形，外面常密被短柔毛，果肉多汁有香味，甜或酸甜；核大表面具纵、横沟纹和孔穴。花期3～4月叶前开放，果实成熟期通常为8～9月。

◎**分布：**产云南各地；原产中国北方，各省市广泛栽培。世界各地均有栽培。

◎**生境和习性：**喜光，较耐旱，不耐水湿，喜夏季高温的暖温带气候，有一定耐寒能力。寿命短，是重要果树之一。

◎**观赏特性及园林用途：**桃花娇艳美丽，春季满树繁花，观赏价值极高。可以孤植在石旁、墙际等人们能近距离观赏的地点，展现其枝条美以及花朵和果实。在景区、公园内群植，或三四颗点缀在道路两旁。

梅

Armeniaca mume

蔷薇科　桃属

别名：春梅，干枝梅，酸梅

形态特征：小乔木，稀灌木，高达 10m。小枝绿色，无毛。叶卵形或椭圆形，长 4 ~ 8cm，先端尾尖，基部宽楔形或圆，具细小锐锯齿，幼时两面被柔毛，老时下面脉腋具柔毛；叶柄长 1 ~ 2cm，幼时具毛，常有腺体。花单生或 2 朵生于 1 芽内，直径 2 ~ 2.5cm，香味浓，先叶开放。花梗长 1 ~ 3mm，常无毛；花萼常红褐色，有些品种花萼为绿或绿紫色，萼筒宽钟形，无毛或被柔毛，萼片卵形或近圆形；花瓣倒卵形，白或粉红色。果近球形，直径 2 ~ 3cm，熟时黄或绿白色，被柔毛，味酸；果肉粘核；核椭圆形，顶端圆，有小突尖头，基部窄楔形，腹面和背棱均有纵沟，具蜂窝状孔穴。花期冬、春，果期 5 ~ 6 月。

◎**分布：**云南各地均有野生或栽培。

◎**生境和习性：**喜光，温暖湿润气候，耐寒性不强，较耐干旱，不耐涝。寿命长可达千年。

◎**观赏特性及园林用途：**早春开花，色香俱佳，透人心脾，品种极多，是我国著名的花木。可以孤植在石旁、墙际等人们能近距离观赏的地点，展现其枝条美以及花朵和果实。或成林成片种植于有微地形变化的地区，形成花海。还可以栽培为盆花，制作梅桩。

李

Prunus salicina

蔷薇科　李属

别名：嘉庆子，嘉应子

形态特征：乔木，高达12m。叶矩圆状倒卵形或椭圆状倒卵形，长5～10cm，宽3～4cm，边缘有细密、浅圆钝重锯齿，两面无毛或下面脉腋间有毛；叶柄长1～1.5cm，无毛，近顶端有2～3腺体；托叶早落。花先叶放，直径1.5～2cm，通常3朵簇生；花梗长1～1.5cm，无毛；萼筒钟状，无毛，裂片卵形，边缘有细齿；花瓣白色，矩圆状倒卵形；雄蕊多数，约与花瓣等长；心皮1，无毛。核果卵球形，直径4～7cm，先端常尖，基部凹陷，有深沟，绿色、黄色或浅红色，有光泽，外有蜡粉；核有皱纹。

◎**分布：**产云南中部、西部及东北部；分布于陕西、甘肃、四川、贵州、湖南、湖北、江苏、浙江、江西、福建、广西、广东和台湾。

◎**生境和习性：**生于海拔2600～4000m的山坡灌丛中、山谷疏林中，或水边、沟底、路旁等处。适应性强，管理粗放。

◎**观赏特性及园林用途：**花洁白朴素，适宜作为配景树。植于小型庭院观赏，秋季采食。风景区与其他花灌木混植，应用类型类似于桃、梅。

枇　　杷

Eriobotrya japonica

蔷薇科　枇杷属

别名：卢橘

形态特征：常绿乔木，高 4 ～ 6（～ 10）m。小枝粗壮，黄褐色，密被锈色或灰棕色绒毛。叶片革质，披针形、倒披针形、倒卵形或椭圆状长圆形，长 10 ～ 30cm，宽 3 ～ 9cm，先端急尖或渐尖，基部楔形或渐狭成叶柄，上部边缘有疏锯齿，基部全缘，上面光亮，多皱，下面密生灰棕色绒毛，侧脉 11 ～ 21 对；叶柄短或几无柄，长 6 ～ 10mm，有灰棕色绒毛；托叶钻形，长 1 ～ 1.5mm，先端急尖，有毛。圆锥花序顶生，长 10 ～ 19mm，具多花；总花梗和花梗密生锈色绒毛；花直径 12 ～ 20mm、花瓣白色，长圆形或卵形；雄蕊 20 枚，远短于花瓣。果实球形或长圆形，直径 2 ～ 5cm，褐色，光亮。花期 10 ～ 12 月，果期 5 ～ 6 月。

◎**分布：**云南全省各地栽培，罗平县有野生者。广泛栽培于甘肃、陕西、河南、江苏、安徽、浙江、江西、湖北、湖南、四川、贵州、广西、广东、福建、台湾。

◎**生境和习性：**喜温暖湿润，稍耐阴，不耐严寒。生长缓慢，平均温度 12 ～ 15℃以上，冬季不低于 –5℃，花期，幼果期不低于 0℃的地区，都能生长良好。喜肥沃湿润及排水良好的中性、酸性土。

◎**观赏特性及园林用途：**叶大质感粗，树形或开展，或亭亭如华盖，姿态优美。四季常春，春萌新叶白毛茸茸，秋孕冬花，春实夏熟，在绿叶丛中，累累金丸，很具有观赏性，是美丽观赏树木和果树，可植于公园、庭园，也可作行道树。

合　　欢

Albizia julibrissin

含羞草科　合欢属

别名：夜合树，马缨花

形态特征：落叶乔木，高可达16m，树冠开展；小枝有棱角，嫩枝、花序和叶轴被绒毛或短柔毛。托叶线状披针形，较小叶小。二回羽状复叶，总叶柄近基部及最顶一对羽片着生处各有1枚腺体；羽片4～20对；小叶10～30对，线形至长圆形，长6～12mm，向上偏斜，先端有小尖头，有缘毛。头状花序于枝顶排成圆锥花序；花粉红色。荚果带状。花期6～7月；果期8～10月。

◎**分布：**产云南东北部，我国东北至华南、西南各省区均有分布或栽培。

◎**生境和习性：**喜光，较耐寒，耐干旱瘠薄和沙质土壤，不耐水湿。

◎**观赏特性及园林用途：**树形优美，冠幅大，羽叶雅致，红色的绒花鲜艳夺目。可作为行道树、庭荫树和独赏树。

毛叶合欢

Albizia mollis

含羞草科　合欢属

别名：大毛毛花，滇合欢

形态特征：乔木或小乔木。树冠开展，小枝被柔毛，有棱角。2 回羽状复叶；总叶柄近基部及顶部 1 对羽片处各有腺体 1 枚，叶轴凹入呈槽状，被长茸毛；羽片 3 ～ 7 对，长 6 ～ 10cm；小叶 8 ～ 15 对，镰状长圆形，长 12 ～ 18mm，宽 4 ～ 7mm，先端渐尖，基部截平，两面被密至疏的长柔毛或老叶叶面无毛；中脉偏于上缘，直。头状花序腋生或在枝端缩短成圆锥花序；花白色，小花几无梗；花萼钟状，长 2mm 左右，被柔毛；花冠长 7 ～ 9mm，裂片卵形，长约 1mm，被柔毛；雄蕊多数，下部合生成长约 6 ～ 10mm 的管；子房长 2 ～ 3mm。荚果带状，长 10 ～ 16cm，宽 2.5 ～ 3cm，扁平，棕色。花期 5 ～ 6 月，果期 8 ～ 12 月。

◎**分布：**产云南西北部、西部、中部、东部至东南部亚热带山地及河谷；分布于四川、贵州、西藏东南部。

◎**生境和习性：**生于海拔 1000 ～ 2600m 的河谷山坡阳处、疏林。耐干旱瘠薄，也耐水湿，抗性强。

◎**观赏特性及园林用途：**树形优美，冠幅大，羽叶雅致，白色的绒花鲜艳夺目。可作为行道树、庭荫树等，是良好的绿化、护坡树种。

银合欢

Leucaena leucocephala

含羞草科　银合欢属

别名： 白合欢

形态特征： 常绿乔木，高 6 ～ 15 m，幼枝被短柔毛，老枝无毛，具褐色皮孔，无刺。羽片 4 ～ 8 对，长 5 ～ 9（～ 16）cm，叶轴被柔毛，在最下一对羽片着生处有 1 黑色腺体；小叶 5 ～ 15 对，线状长圆形，长 0.7 ～ 1.3cm，基部楔形，先端急尖，边缘被短柔毛，中脉偏向小叶上缘，两侧不等宽。头状花序常 1 ～ 2 腋生，直径 2 ～ 3cm。花白色；花萼长约 3mm，顶端具 5 细齿；花瓣窄倒披针形，长约 5mm，背面被疏柔毛；雄蕊 10。荚果带状，长 10 ～ 18cm，顶端凸尖，基部有柄，纵裂。花期 4 ～ 7 月，果期 8 ～ 10 月。

◎**分布：** 云南西部、西南部、南部、东南部热带及亚热带地区逸生或栽培。广西、广东、海南、福建、台湾等地也有栽培。

◎**生境和习性：** 原产热带美洲，现广布于各热带地区。

◎**观赏特性及园林用途：** 羽叶雅致，白色的绒花鲜艳夺目，是良好边坡绿化树种。

白花羊蹄甲

Bauhinia acuminate

云实科　羊蹄甲属

别名： 渐尖羊蹄甲

形态特征： 小乔木或灌木，高约3m；幼枝被灰色短柔毛。叶近革质，圆卵形至近圆形，长9～14cm，宽8～13cm，先端2裂至1/3或2/5，基部心形或近平截，叶面无毛，背面被灰褐色短柔毛，基出脉9～11条，与网脉在叶背面明显突起。总状花序伞房状，腋生或顶生，有花3～15朵，总花梗短，与花序轴均稍被短柔毛；苞片与小苞片线形，渐尖，具条纹，被柔毛；花蕾纺锤形，长2.5cm，稍被毛或无毛；花萼佛焰苞状；花瓣白色，近等长，倒卵状长圆形，长3.5～5cm，宽约2cm，先端钝；能育雄蕊10，花丝长短不一。荚果线状倒披针形，长6～11cm，宽1.5cm，扁平，直或稍弯，具喙。花期4～6月或延至全年，果期6～8月。

◎**分布：** 产云南红河、金平、个旧蔓耗、西双版纳；广东、广西也有分布。

◎**生境和习性：** 生于海拔280～800m山坡阳处，或有栽培。

◎**观赏特性及园林用途：** 花大而美丽，叶形奇特，可作行道树或庭院栽培观赏。

铁刀木

Cassia siamea

云实科　决明属

别名： 黑心树，挨刀树

形态特征： 乔木，高约 10m；幼枝具条纹，被短柔毛，树皮灰色，近光滑。叶长 20～30cm，叶轴具翅，小叶 7～10 对，长圆形或长圆状椭圆形，长 3～7cm，宽 1～2.5cm，先端钝圆，微凹，具短尖头，基部圆，全缘，叶面无毛，背面无毛或稍被短柔毛，粉白色，小叶柄短，长 2～3mm，叶柄长 2～3cm，无腺体。伞房状花序生枝顶叶腋或组成圆锥花序，总花梗粗壮，长 5～7cm；苞片线形，长 5～6mm；花梗被绒毛；萼片近圆形，肉质；花瓣黄色，阔倒卵形，长 1.5～2cm，具短柄；能育雄蕊 7。荚果带状，长 20～30cm，宽 1～1.5cm，扁平，纵向呈波状，被褐色绒毛。种子 10～20 粒，卵形，压扁。花期 8～11 月，果期 12 月至翌年 1 月。

◎**分布：** 云南南部、西南部及西部栽培或野生，北可达华坪；广东、海南、台湾、四川（米易、盐边）等省区也有栽培。

◎**生境和习性：** 生于海拔 330～2000m 的路边、村旁、河滩上。

◎**观赏特性及园林用途：** 终年常绿、枝叶苍翠、叶茂花美、开花期长，可用作园林、行道树及防护林树种。

中国无忧花

Saraca dives

云实科　无忧花属

别名：缅无忧花

形态特征：乔木，高 5 ～ 20m。叶有小叶 5 ～ 6 对，嫩叶略带紫红色，下垂；小叶近革质，长椭圆形、卵状披针形或长倒卵形，长 15 ～ 35cm，宽 5 ～ 12cm，基部 1 对常较小，先端渐尖、急尖或钝，基部楔形，侧脉 8 ～ 11 对；小叶柄长 7 ～ 12mm。花序腋生，较大。花黄色，后部分（萼裂片基部及花盘、雄蕊、花柱）变红色，两性或单性；萼管长 1.5 ～ 3cm，裂片长圆形，4 片，有时 5 ～ 6 片，具缘毛；雄蕊 8 ～ 10 枚，其中 1 ～ 2 枚常退化呈钻状，花丝突出。荚果棕褐色，扁平，长 22 ～ 30cm，宽 5 ～ 7cm，果瓣卷曲；种子 5 ～ 9 颗，形状不一，扁平，两面中央有一浅凹槽。花期 4 ～ 5 月；果期 7 ～ 10 月。

◎**分布：**产云南澄江、元阳、河口、金平、屏边、个旧蔓耗、马关、麻栗坡、富宁；广东、广西有分布或栽培。

◎**生境和习性：**生于海拔 160 ～ 1000m 的山坡密林或疏林中或河流、溪边。

◎**观赏特性及园林用途：**树形挺拔，花序硕大，花朵明黄艳丽，是良好的庭园观赏树种。

云南紫荆

Cercis glabra

云实科　紫荆属

别名：箩筐树，马藤，石鲜

形态特征：乔木，高 6～16m，胸径 30cm；茎皮及小枝灰黑色，具皮孔。叶宽卵形或近圆形，长 5.5～13.5cm，宽 5.2～13cm，先端锐尖或钝，基部心形或近心形，叶面绿色，无毛，背面淡绿色或淡的锈绿色，基部脉腋间簇生柔毛，脉 5～7 条；叶柄长 2～4.5cm，无毛。总状花序，花 8～24 朵；花粉红至深红色，下垂，先叶开放或与叶同时开放；花萼长 4mm，宽 6mm，5 裂；旗瓣长 15mm，宽 1mm；翼瓣长 11mm，宽 5mm；龙骨瓣长 12mm，宽 7mm，先端圆，基部近耳形；雄蕊离生。荚果长圆形，扁平，长 9～14cm，宽 1.2～1.5cm，紫红色。花期 3～4 月，果期 9～11 月。

◎**分布：**产云南中部至西北部（昆明、丽江）等地；河南西部、湖北西至西北部、陕西西南至东南、四川东北至东南部、贵州、广西北部、广东北部、湖南、浙江、安徽等省区均有分布。

◎**生境和习性：**生于海拔 600～1900m 山坡疏林或密林中、山谷或岩石隙。

◎**观赏特性及园林用途：**花形似蝶，早春先于叶开放，盛开时花朵繁多，成团簇状，紧贴枝干。夏秋季节则绿叶婆娑，满目苍翠。适合栽种于庭院、公园、广场、草坪、街头游园、道路绿化带等处。

鹦哥花

Erythrina arborescens

豆科　刺桐属

别名： 乔木刺桐，刺木通，红嘴绿鹦哥

形态特征： 乔木，高7～8m，树干和枝条具皮刺。叶柄比小叶长；顶生小叶近肾形，侧生小叶斜宽心形，长10～20cm，宽8～19cm，先端急尖，基部截形或近心形，全缘，上面绿色，平滑，下面略带白色，两面无毛。总状花序腋生，花密集于总花梗上部，花序轴及花梗无毛；花大，长达4cm，具花梗，下垂；苞片单生，卵形，内有3朵花，在每一花梗基部有一小苞片；花萼陀螺形，肢截平或具不等的2裂；花冠红色，旗瓣近卵形，舟状，长约3.2cm，翼瓣最短，长仅为旗瓣的1/4，龙骨瓣菱形，长仅及雄蕊的一半，与翼瓣均无爪；花丝比旗瓣稍短，在近基部联合成一体；雄蕊10，5长5短。荚果梭状，弯曲。

◎**分布：** 产云南罗平、维西、贡山、泸水、丽江、洱源、弥渡、昆明、禄劝、富民、楚雄、景东、蒙自、元江、河口、临沧、盈江、镇康、凤庆、云县；分布于西藏、四川、贵州及海南（尖峰岭）。

◎**生境和习性：** 生于海拔1200～2600m的山沟中或草坡上。

◎**观赏特性及园林用途：** 树姿雄伟开展，叶片大而光亮，花多红鲜奇特，可用作孤赏树、庭荫树和行道树。

紫　薇

Lagerstroemia indica

千屈菜科　紫薇属

别名：抓痒树，满堂红，痒痒树

形态特征：落叶灌木或小乔木，高 3 ~ 7m；树皮平滑，灰褐色；幼枝四棱形，具 4 翅。叶近革质，椭圆形，倒卵形或卵状椭圆形，长 2 ~ 6cm，宽 1.5 ~ 3cm，顶端钝而急尖或渐尖，稀圆形，基部钝或近圆形，两面均无毛或仅叶脉上被细柔毛，偶尔背面脉上被短粗毛，侧脉 5 ~ 7 对，网状脉不明显；柄极短，长约 1mm。花红色，紫色或粉红色（稀白色），排成顶生的大圆锥花序，花序长 7 ~ 20cm，花序梗常被短绒毛。花萼圆柱形；花瓣 6 片，长 12 ~ 20mm，有皱纹，具爪，长 5 ~ 7mm；雄蕊 36 ~ 42 枚，5 ~ 6 枚成束着生于萼管上，其中有 6 枚（4 ~ 7）明显地粗而长。蒴果卵状球形或椭圆状球形，长 9 ~ 13mm，直径 8 ~ 11mm。花期 6 ~ 8 月，果期 9 ~ 12 月。

◎分布：几产云南全省，分布于我国华东、华中、华南及西南。现广植热带和亚热带，为一美丽观花植物。

◎生境和习性：生于海拔 1100 ～ 2800m 的路旁或稀疏林边，栽培或野生。

◎观赏特性及园林用途：花色鲜艳美丽，花序较大，干皮光滑，颇具观赏性，被广泛用于公园、庭院及道路绿化等，可栽植于建筑物前、院落内、池畔、河边、草坪旁及公园小径。也是作盆景的好材料。

大花紫薇

Lagerstroemia speciosa

千屈菜科　紫薇属

别名： 大叶紫薇，百日红

形态特征： 大乔木，高可达25m；树皮灰色，平滑。叶革质，矩圆状椭圆形或卵状椭圆形，稀披针形，长10～25cm，宽6～12cm，顶端钝形或短尖，基部阔楔形至圆形，两面均无毛，侧脉9～17对，在叶缘弯拱连接。花淡红色或紫色，直径5cm，顶生圆锥花序长15～25cm，有时可达46cm；花轴、花梗及花萼外面均被黄褐色糠秕状的密毡毛；花萼有棱12条，被糠秕状毛；花瓣6，近圆形至矩圆状倒卵形，长2.5～3.5cm，几不皱缩，有短爪；雄蕊多数，达100～200。蒴果球形至倒卵状矩圆形，长2～3.8cm，直径约2cm，褐灰色，6裂；种子多数，长10～15mm。花期5～7月，果期10～11月。

◎**分布：** 广东、广西及福建有栽培。分布于斯里兰卡、印度、马来西亚、越南及菲律宾。

◎**生境和习性：** 大花紫薇喜温暖湿润，喜阳光而稍耐阴，喜生于石灰质土壤。

◎**观赏特性及园林用途：** 枝叶繁茂，花色鲜艳美丽，为优秀的观花乔木，被广泛用于公园、庭院及道路绿化等，可栽植于建筑物前、院落内、池畔、河边、草坪旁及公园小径。也是作盆景的材料。

八宝树

Duabanga grandiflora

海桑科　八宝树属

别名：凤庆朴，四蕊朴

形态特征：乔木，高 30m；树皮褐灰色，具皱褶裂纹；幼枝具 4 棱，螺旋状或轮生于树干上，常下垂。叶革质，长圆形、宽椭圆形或卵状长圆形，长 11～15cm，宽 5～75cm，先端短渐尖，基部心形，全缘，叶面深绿色，背面浅绿色，两面无毛，主脉在上面凹陷，在背面隆起，侧脉 20～24 对，平行，在叶面稍凸起，在面突起，于边缘处网结，细脉两面明显；叶柄短粗，长 5～8mm。花 5～10 朵排成顶生伞房花序；花 5～6 基数，稀 8 或 4 基数；花瓣白色，近卵形，长 25～3cm，宽 15～2cm，先端圆形，基部具短柄（爪）；雄蕊极多数，2 轮排列。蒴果近卵球形，长 3～4cm，直径 32～35cm。花期 3～4 月，果期 5～8 月。

◎**分布：**产云南沧源、澜沧、勐海、景洪、勐腊、石屏、金平、河口、马关等地；分布于广西那坡、宁明等地。

◎**生境和习性：**生于海拔 300～1260m 的山谷、河边密林中或疏林中。

◎**观赏特性及园林用途：**树资挺拔，枝叶茂密。可在公园中孤植用作庭荫树，亦可作行道树。

榄仁树

Terminalia catappa

使君子科　诃子属

别名：山枇杷树

形态特征：落叶或半常绿乔木，高达 20m。单叶互生，常密集枝顶，倒卵形，先端钝圆或短尖，中下部渐窄，基部平截或窄心形，全缘，稀微波状，中脉粗，侧脉 10～12 对。穗状花序腋生，长 15～20cm，雄花生于上部，两性花生于下部。花多数；无花瓣；雄蕊 10；花盘具 5 个腺体。果椭圆形，具 2 纵棱，棱上具翅状窄边。种子 1。花期 3～6 月，果期 7～9 月。

◎**分布：**产云南东南部；广东、台湾有分布。

◎**生境和习性：**常生于气候湿热的地区。

◎**观赏特性及园林用途：**旱季落叶前红叶美丽。可作庭荫树、行道树和防风林树种。

千果榄仁

Terminalia myriocarpa

使君子科　诃子属

别名：大马缨子花，千红花树

形态特征：常绿乔木，高达 25～35m，具大板根；小枝圆柱状，被褐色短绒毛，或很快变无毛。叶对生，厚纸质，长椭圆形，长 10～18cm，宽 5～8cm，全缘或微波状，偶有粗齿，顶端有一短而偏斜的尖头。基部椭圆，除中脉两面被黄褐色毛外无毛或近无毛，侧脉 15～25 对，两面明显，平行。顶生或腋生总状花序组成大形圆锥花序，长 18～26cm，总轴密被黄色绒毛。花极小，极多数，两性，红色；雄蕊 10，突出。瘦果细小，极多数，具 3 翅，其中 2 翅等大，1 翅特小。花期 8～9 月，果 10 月至翌年 1 月尚存。

◎**分布：**分布于云南省西南部（西北至泸水）、南部（北至景东、新平）、东南部（至屏边），为云南南部河谷及湿润土壤上的热带雨林上层习见树种之一；我国广西（龙津）和西藏东南部也有分布。

◎**生境和习性：**生于海拔 600～1500（～2500）m 的地带。

◎**观赏特性及园林用途：**树形高大挺拔，树冠开张，冬季串串红果挂满树梢，十分壮观美丽。可作庭荫树、行道树和防风林树种。

鞘柄木

Toricellia tiliifolia

山茱萸科　鞘柄木属

别名：大葫芦叶

形态特征：乔木，高4～15m；小枝圆柱形，光滑无毛，叶脱落后，遗有明显叶痕。叶纸质，干时绿黑色，阔卵形或近圆形，长达20cm，宽达18cm，顶端短渐尖或近圆形，基部心形，叶缘具粗而锐尖的锯齿，两面沿叶脉有短柔毛，余皆无毛，掌状脉5～7条，侧脉和网脉显著；叶柄长达10cm，基部膨大成鞘状，半抱茎，疏被短柔毛。总状圆锥花序顶生，长达40cm。雄花具柄；花瓣黄白色；雄蕊5；雌花具短柄，花萼不规则5浅裂；花瓣和退化雄蕊不存在。核果小，卵圆形，直径5～7mm，顶端冠以宿存的花萼和花柱。花期9～11月，果期翌年4～5月。

◎**分布：**产云南镇康、景东。

◎**生境和习性：**生于海拔1500～2300m的山坡、路旁杂木林中。

◎**观赏特性及园林用途：**叶大而翠绿，叶柄红色，是值得开发的观叶植物，适合作庭荫树。

头状四照花

Dendrobenthamia capitata

山茱萸科　四照花属

别名：野荔枝，四子那卡，乌都鸡

形态特征：常绿乔木，高达 15m。叶革质或薄革质，长圆形或长圆状倒卵形，稀披针形，长 6～9cm，先端锐尖，基部楔形或宽楔形，下面脉腋具凹孔。侧脉 4 对，弧状上升。顶生球形头状花序常由近 100 朵花组成，直径达 1.2 cm；总苞片倒卵形或宽椭圆形，长 3～5 cm。花瓣倒卵状长圆形，长 2～3.5mm；雄蕊短于花瓣；花柱具 4 纵棱。果序扁球形，直径 2.5～3.5 cm，成熟时紫红色。花期 5～7 月；果期 8～10 月。

◎**分布：**云南广布；浙江、湖北、湖南、广西、贵州、四川、西藏亦有分布。

◎**生境和习性：**生于海拔 1000～3200m 的山坡疏林或灌丛中。性喜光，亦耐半阴，喜温暖气候和阴湿环境，适生于肥沃而排水良好的沙质土壤。适应性强，能耐 –15℃低温。较耐干旱、耐瘠薄。

◎**观赏特性及园林用途：**因花序外有 2 对黄白色花瓣状大型苞片而得名。其树形圆整美观，叶片光亮，秋季红果满树。春赏绿叶，夏观白花，秋看红果，是一种极其美丽的庭园观花观叶观果绿化树种，可孤植或列植，也可丛植于草坪、路边、林缘、池畔，果可食。

喜 树

Camptotheca acuminata

山茱萸科 喜树属

别名：秧青树，旱莲，千张树

形态特征： 落叶乔木，高可达25m；树皮淡灰色至灰黑色，平滑、浅裂成纵沟。单叶互生，叶纸质，椭圆形至长圆状卵形，长10～20cm，宽6～10cm，全缘至微波状，先端渐尖，基部阔楔形，微偏斜，渐狭成柄，表面深绿色，背面较淡，幼时多少密被极短伏毛，老时表面无毛，背面沿中肋稍密被，沿侧脉微被短柔毛，侧脉13～15对；叶柄扁平或具沟槽。球形头状花序径1.5～2cm，雌花者顶生，雄花者腋生，总梗长4～6cm，幼时被微柔毛；苞片3，三角卵形；萼5裂；花瓣5，淡绿色，长圆至长圆卵形，长2mm；雄蕊10，2轮，外轮较长。果序头状，翅果状干果扁长圆状披针形，长2～2.8cm，顶端有宿存花柱。花期5～6月，果期7～10月。

◎**分布：** 产云南景洪、思茅、景东、漾濞、峨山、杞麓、新平、富宁、广南等地；分布于台湾、福建、江西、湖南、湖北、四川、贵州、广西、广东。江南各省均有栽培。

◎**生境和习性：** 生于海拔600～1800m的山坡或溪边，常栽培于公路边。

◎**观赏特性及园林用途：** 主干通直，树冠开展，生长迅速，为优良的庭园树和行道树。

珙　桐

Davidia involucrata

山茱萸科　珙桐属

别名：水梨子，水冬瓜，山白果

形态特征：落叶乔木，高 15 ～ 20m。叶纸质，互生，常密集于幼枝顶端，阔卵形或近圆形，常长 9 ～ 15cm。两性花与雄花同株，两性花位于花序的顶端，雄花环绕于其周围，基部具纸质、矩圆状卵形或矩圆状倒卵形花瓣状的苞片 2 ～ 3 枚，长 7 ～ 15cm，初淡绿色，继变为乳白色，后变为棕黄色而脱落。雄花无花萼及花瓣。果实为长卵圆形核果，外果皮很薄，中果皮肉质，内果皮骨质具沟纹。花期 4 月，果期 10 月。

◎**分布：**产滇东北（镇雄、彝良）；分布于湖北西部、四川、贵州（东北部、西北部）。

◎**生境和习性：**多生于海拔 1800 ～ 2000m 的阴湿阔叶林中。喜中性或微酸性腐殖质深厚的土壤，在干燥多风、日光直射之处生长不良，不耐瘠薄，不耐干旱。幼苗生长缓慢，喜阴湿，成年树趋于喜光。

◎**观赏特性及园林用途：**枝叶繁茂，叶大如桑，开花时花苞片似鸽子展翅，极美而特异，可供庭院栽培观赏或作行道树。为中国特有的珍稀名贵观赏植物、国家一级重点保护植物，有“植物活化石”之称。

十齿花

Dipentodon sinicus

十齿花科　十齿花属

别名：十萼花

形态特征： 小乔木，高达 11m。叶片革质，长椭圆形、卵形至披针形，长 7 ~ 16cm，宽 2 ~ 9cm，先端长尾状尖，基部圆形至微心形，边缘具细尖锯齿，侧脉 7 ~ 8 对，上面平或微凹，下面十分凸起，网脉在下面显著，上面无毛，下面沿脉被长柔毛；叶柄长 1 ~ 1.5cm。花序总花梗长 4 ~ 6.5cm，疏被短柔毛；小花梗长 1 ~ 1.3cm，被短柔毛；花小，白色，长 2 ~ 3mm；花盘与花被贴合成杯状；子房上部 1 室，基部 3 室。蒴果革质，被灰棕色长柔毛，稍呈椭圆形，长约 8mm，基部有 10 个齿状宿存花被片，先端有细长宿存花柱；果梗弯曲；种子 1，种皮肉质，黑褐色。

◎**分布：** 产云南贡山、福贡、腾冲、龙陵、屏边、金平等地；西藏、贵州、广西也有分布。

◎**生境和习性：** 生于海拔 1600 ~ 3200m 的林中。

◎**观赏特性及园林用途：** 株型紧凑，叶色浓绿光亮，花序密集、素雅美丽，是较好的观形、观叶和观花的树种。适合作为庭荫树、行道树开发。

脉瓣卫矛

Euonymus tingens

卫矛科　卫矛属

别名： 染用卫矛，银丝杜仲，有色卫矛

形态特征： 常绿灌木至小乔木，高 2 ~ 8m。枝灰褐色，圆柱状，小枝绿色，具棱。叶片厚革质，椭圆形至长椭圆形，长 4 ~ 6cm，宽 2 ~ 2.5cm，先端钝或尖，基部平截或近圆形，边缘具小圆齿，侧脉 8 ~ 12 对；叶柄长 3 ~ 5mm。花序梗长 1.5 ~ 3.5cm，具 1 ~ 3 回分枝及多花；花 5 数，大型，直径达 1.5cm；花梗长 5 ~ 20mm；萼片半圆形；花瓣圆形至倒卵形，乳白色，沿边缘具紫色脉纹。蒴果倒卵状球形，具 5 棱，鲜时粉色至淡红色，干时黄褐色，直径 1.2 ~ 1.4cm，长 1.2 ~ 1.3cm；种子椭圆状，暗褐色，中下部被橘色假种皮。花期 5 ~ 8 月，果期 7 ~ 11 月。

◎**分布：** 产于云南东川、昆明、保山、丽江、楚雄、大理、怒江、迪庆；贵州、四川、西藏也有分布。

◎**生境和习性：** 生于海拔 1350 ~ 3700m 的山地林中。

◎**观赏特性及园林用途：** 树形端正，叶色油绿光亮，入秋果实红艳可爱。可作行道树和庭荫树。

小果冬青

Ilex micrococca

冬青科　冬青属

◎**分布：**产云南元江、景谷、景东、沧源、澜沧、普洱、禄春、西双版纳；浙江、安徽、福建、台湾、江西、湖北、湖南、广东、广西、海南、四川、贵州等省也有分布。

◎**生境和习性：**生于海拔500～1300m的山地常绿阔叶林内。

◎**观赏特性及园林用途：**树形端正，叶色油绿光亮，可作行道树和庭荫树。

形态特征：落叶乔木，高达20m；小枝粗壮无毛。叶片膜质或纸质，卵形、卵状椭圆形或卵状长圆形，长7～13cm，宽3～5cm，先端长渐尖，基部圆形或阔楔形，常不对称，边缘近全缘或具芒状锯齿，叶面深绿色，背面淡绿色，两面无毛，主脉在叶面微下凹，在背面隆起，侧脉5～8对，三级脉在两面突起，网状脉明显。伞房状2～3回聚伞花序单生于当年生枝的叶腋内。雄花：5或6基数，花萼盘状；花冠辐状，花瓣长圆形，长1.2～1.5mm，基部合生；雄蕊与花瓣互生，且近等长。雌花：6～8基数，花萼6深裂；花冠辐状，花瓣长圆形。果实球形，直径约3mm，成熟时红色。花期5～6月，果期9～10月。

多脉冬青

Ilex polyneura

冬青科　冬青属

别名：青皮树

形态特征：乔木，高达 20m；当年生枝具纵向棱沟，二年生枝有棱沟，具皮孔。叶片纸质至坚纸质，两面无光泽，长圆状椭圆形至卵状椭圆形，长 8 ～ 15cm，宽 3.5 ～ 6.5cm，先端渐尖至尾状渐尖，基部圆形，中脉在上面下陷，在背面极凸起，侧脉 11 ～ 20 对；侧脉两面明显；网脉在上面明显或稍明显，背面明显；叶柄紫红色，上面具深且窄的槽。假伞形花序腋生；雄花：花萼小，盘形，6 ～ 7 深裂，裂片三角形；花瓣卵形，6 ～ 7，长约 2mm，基部连合；雄蕊与花瓣等长或稍短；雌花：花萼与雄花同；花瓣长圆形，长 1.5 ～ 2mm，基部合生；子房卵状球形，直径 4 ～ 5mm。花期 5 ～ 6 月，果期 10 ～ 11 月。

◎**分布：**产云南西畴、文山、西双版纳、绿春、元江、景东、思茅、昆明、嵩明、富民、禄劝、峨山、双柏、新平、镇康、耿马、沧源、潞西、龙陵、腾冲、维西、贡山、碧江、漾濞、寻甸及会泽等地；亦分布于四川西南部和贵州东北部。

◎**生境和习性：**生于海拔 1260 ～ 2600m 的林中或灌丛中。

◎**观赏特性及园林用途：**树形端正，叶色油绿光亮，秋季红果累累，经久不凋，是优良观果树种。可作行道树和庭荫树。

秋　枫

Bischofia javanica

大戟科　秋枫属

别名：万年青树，赤木，茄冬

形态特征：常绿或半常绿大乔木，高达 40m；树皮灰褐色，近平滑，老树皮粗糙。3 出复叶，稀 5 小叶，总叶柄长 8 ～ 20cm；小叶片纸质，卵形、椭圆形、倒卵形或椭圆状卵形，长 7 ～ 21cm，宽 4 ～ 12cm，先端急尖或短尾状渐尖，基部宽楔形至钝，边缘有浅细锯齿，幼时仅叶脉上被疏短柔毛，老渐无毛；顶生小叶柄长 2 ～ 7cm，侧生小叶柄长 5 ～ 20mm。花小，雌雄异株，多朵组成腋生的圆锥花序；雄花序长 8 ～ 13cm；雌花序长 15 ～ 27cm，下垂；雄花：直径达 2.5mm；萼片膜质；雌花：萼片长圆状卵形，花柱 3 ～ 4。果实浆果状，圆球形或近圆球形，直径 6 ～ 13mm，淡褐色。花期 3 ～ 5 月，果期 8 ～ 11 月。

◎**分布：**产云南富宁、麻栗坡、马关、文山、西畴、砚山、河口、金平、屏边、绿春、思茅、景洪、勐腊、勐海、景东、瑞丽、沧源、耿马、陇川、临沧、双江、凤庆、镇康、澜沧、蒙自、双柏、新平、元江、峨山、江川；分布于四川、贵州、广西、广东、海南、湖南、湖北、江西、福建、台湾、安徽、江苏、浙江、陕西、河南等省区。

◎**生境和习性：**生于海拔 500 ～ 1800m 的林下山地、潮湿沟谷林中，或栽培于河边堤岸，或作行道树。

◎**观赏特性及园林用途：**枝叶繁茂，树冠圆盖形，树姿壮观。宜作庭园树和行道树，也可在草坪、湖畔、溪边、堤岸栽植。

中平树

Macaranga denticulate

大戟科　血桐属

别名：牢麻

形态特征：乔木，高 3～10m；嫩枝、叶、花序和花均被锈色或黄褐色绒毛；小枝粗壮，具纵棱。叶纸质或近革质，三角状卵形或卵圆形，长 12～30cm，宽 11～28cm，盾状着生，顶端长渐尖，基部钝圆或近截平，稀浅心形，两侧通常各具斑状腺体 1～2 个，下面密生柔毛或仅脉序上被柔毛，具颗粒状腺体，叶缘微波状或近全缘，具疏生腺齿；掌状脉 7～9 条，侧脉 8～9 对；叶柄长 5～20cm。雄花序圆锥状，长 5～10cm，苞片近长圆形，长 2～3mm，被绒毛，苞腋具花 3～7 朵；雄花：花萼 3 裂。雌花序圆锥状，长 4～8cm，苞片叶状；雌花：花萼 2 浅裂。蒴果双球形，具颗粒状腺体。花期 4～6 月，果期 5～8 月。

◎**分布：**产云南马关、麻栗坡、西畴、金平、河口、屏边、绿春、元阳、景洪、勐腊、勐海、景东、瑞丽、陇川、沧源、思茅、盈江、孟连；分布于贵州、广西、海南和西藏墨脱。

◎**生境和习性：**生于海拔 50～1300m（西藏）低山次生林或山地常绿阔叶林中。

◎**观赏特性及园林用途：**枝叶繁茂，树冠开展，树姿壮观。宜作庭园树和行道树，也可在草坪、湖畔、溪边、堤岸栽植。

油　桐

Vernicia fordii

大戟科　油桐属

别名： 桐油树，桐子树，罂子桐

形态特征： 落叶乔木，高达 10m；树皮灰色，近光滑；枝条具明显皮孔。叶卵圆、形，长 8 ～ 18cm，宽 6 ～ 15cm，顶端短尖，基部截平至浅心形，全缘，稀 1 ～ 3 浅裂，嫩叶上面被很快脱落微柔毛，下面被渐脱落棕褐色微柔毛，成长叶上面深绿色，下面灰绿色；掌状脉 5 条；叶柄顶端有 2 枚扁平、无柄腺体。花雌雄同株，先叶或与叶同时开放；花瓣白色，有淡红色脉纹，倒卵形，长 2 ～ 3cm，宽 1 ～ 1.5cm，顶端圆形，基部爪状；雄花：雄蕊 8 ～ 12 枚，2 轮；雌花：子房密被柔毛，花柱 2 裂。核果近球状，直径 4 ～ 6 cm，果皮光滑。花期 3 ～ 4 月，果期 8 ～ 9 月。

◎**分布：** 产云南禄劝、昆明、易门、禄丰、双柏、蒙自、建水、砚山、西畴、广南、麻栗坡、金平、河口、屏边、勐腊、耿马、瑞丽、镇康、临沧、景东、凤庆、漾濞、泸水、贡山；四川、贵州、广东、广西、海南、湖南、湖北、江西、陕西、河南、安徽、福建、江苏、浙江有栽培。

◎**生境和习性：** 生于海拔 350 ～ 2000m 的丘陵山地、公路及村寨旁。

◎**观赏特性及园林用途：** 枝叶繁茂，树冠开展，树姿壮观，叶油亮。常用作荒山造林树种，也宜作庭园树和行道树。

余甘子

Phyllanthus emblica

大戟科　叶下珠属

别名：橄榄，米含，望果

形态特征：乔木，高可达 23m。树皮浅褐色；枝条具纵细条纹，被黄褐色短柔毛。叶片纸质，2 列，线状长圆形，长 8 ～ 20mm，宽 2 ～ 6mm，先端截平或钝圆，有锐尖头或微凹，基部圆形或浅心形而稍偏斜，上面绿色，下面浅绿色，干后带红色或淡褐色；侧脉每边 4 ～ 7 条。数朵雄花和 1 朵雌花或全为雄花聚生于苞腋，组成聚伞花序；雄花花梗长 1 ～ 3mm；雌花花梗长约 0.5mm；雄花：萼片 6 枚；雄蕊 3；雌花：萼片 6 枚，花盘杯状，包裹子房达一半以上；子房卵圆形。蒴果呈核果状，圆球形，直径 1 ～ 1.3cm，外果皮肉质，绿白色或淡黄白色。花期 4 ～ 6 月，果期 7 ～ 9 月。

◎**分布：**产云南永善、师宗、巧家、富宁、文山、砚山、西畴、麻栗坡、金平、元阳、河口、屏边、绿春、景东、泸水、景洪、勐海、大理、漾濞、鹤庆、云县、凤庆、临沧、蒙自、双柏、丽江，思茅、腾冲、盈江、新平、峨山、玉溪、华坪、禄劝；分布于四川、贵州、广西、广东、海南、江西、福建、台湾等省区。

◎**生境和习性：**生于海拔 160 ～ 2100m 的山地疏林、灌丛、荒地或山沟向阳处。

◎**观赏特性及园林用途：**叶片秀丽，果实如同粒粒珍珠挂满枝头，树姿优美，可作庭园风景树，亦可栽培为果树。

复羽叶栾树

Koelreuteria bipinnata

无患子科　栾树属

别名： 风吹果，摇钱树，马鞍树

形态特征： 大乔木，高达 20m 以上；小枝红褐色至暗褐色，密生浅黄色皮孔。2 回羽状复叶，长 60 ~ 70cm，叶轴和叶柄上面有 2 槽，叶柄长 6 ~ 10cm；羽片对生，有小叶 9 ~ 15 枚；小叶互生，纸质或近革质，斜卵形或斜卵状长圆形，长 4.5 ~ 9cm，宽 2 ~ 3cm，先端短渐尖，基部圆形，边缘具锯齿或幼叶锯齿不明显，两面沿中脉和侧脉被微柔毛，叶背脉腋具髯毛，中脉两面隆起，侧脉 10 ~ 14 对，在表面微凹，叶背隆起，网脉在叶背略显；小叶柄长约 3mm。圆锥花序顶生，宽大，长 15 ~ 25cm；花黄色，基部紫色；花柄长约 2mm；花萼 5 深裂；花瓣 4，线状披针形，长约 9mm，宽约 1.5mm，明显具爪；雄蕊 8。蒴果椭圆状卵形，长 6 ~ 7cm，宽 4 ~ 4.5cm，成熟时紫红色。花期 7 月，果期 10 月。

◎**分布：** 产云南宾川一带金沙江干热河谷中海拔至 1800 ~ 2300m，和蒙自、文山、砚山、西畴模式标本采于宾川大坪子；四川、贵州、广东（北部）、湖南（西部）、湖北（西部）、陕西（南部）均产。

◎**生境和习性：** 生于海拔 1100 ~ 1500（~ 2300）m 的石灰山林内。

◎**观赏特性及园林用途：** 树形优美，高大端正，枝叶茂密而秀丽，花色鲜黄夺目，果色鲜红，形似灯笼，可作行道树和庭荫树以及荒山绿化树种。

无患子

Sapindus mukorossi

无患子科　无患子属

别名：木患子，油患子

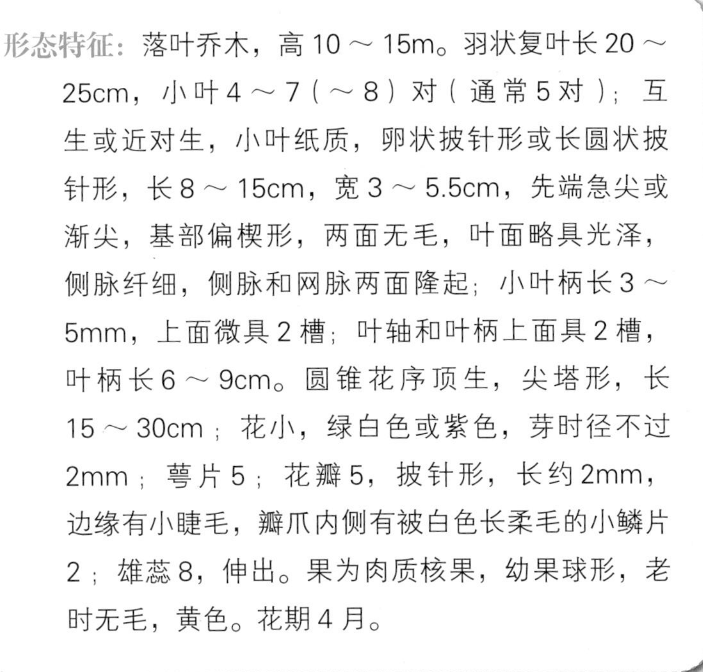

形态特征：落叶乔木，高 10 ～ 15m。羽状复叶长 20 ～ 25cm，小叶 4 ～ 7（～ 8）对（通常 5 对）；互生或近对生，小叶纸质，卵状披针形或长圆状披针形，长 8 ～ 15cm，宽 3 ～ 5.5cm，先端急尖或渐尖，基部偏楔形，两面无毛，叶面略具光泽，侧脉纤细，侧脉和网脉两面隆起；小叶柄长 3 ～ 5mm，上面微具 2 槽；叶轴和叶柄上面具 2 槽，叶柄长 6 ～ 9cm。圆锥花序顶生，尖塔形，长 15 ～ 30cm；花小，绿白色或紫色，芽时径不过 2mm；萼片 5；花瓣 5，披针形，长约 2mm，边缘有小睫毛，瓣爪内侧有被白色长柔毛的小鳞片 2；雄蕊 8，伸出。果为肉质核果，幼果球形，老时无毛，黄色。花期 4 月。

◎**分布**：产云南河口、富宁。我国长江以南各省均有。

◎**生境和习性**：生于海拔 170 ～ 300m 地带。

◎**观赏特性及园林用途**：树形高大，树冠广展，绿荫浓密，秋叶金黄，颇美观。宜作庭荫树及行道树，常孤植、丛植于草坪、路旁或建筑物附近。

云南七叶树

Aesculus wangii

七叶树科　七叶树属

别名： 火麻树，牛卵子果，马卵果

形态特征： 落叶乔木，高达 20m；树皮灰褐色，粗糙。小枝圆柱形，紫褐色，有多数显著的皮孔。掌状复叶，叶柄长 8～17cm；小叶 5～7 枚，纸质，椭圆形至长椭圆形，稀披针形，长 12～18cm，宽 5～7cm，先端锐尖，基部钝形或近于楔形，边缘有钝尖向上弯曲的细锯齿，背面嫩时沿中脉有稀疏的微柔毛，中脉在叶面显著，在背面凸起，侧脉 17～24 对；小叶柄长 3～7mm，绿紫色，嫩时有稀疏的微柔毛或黑色腺体。花序顶生，小花序有 4～9 朵花。花杂性，雄花与两性花同株；花萼管状；花瓣 4，前面的 2 枚花瓣匙状长圆形，基部爪状，侧面的 2 枚花瓣长圆状倒卵形；雄蕊 5～7。蒴果扁球形稀倒卵形。花期 4～5 月，果期 10～11 月。

◎**分布：** 产云南金平、马关、麻栗坡、文山、砚山、西畴、富宁、广南。

◎**生境和习性：** 生于海拔 1000～2000m 的林中。

◎**观赏特性及园林用途：** 树形优美，花序大而秀丽，叶形奇特，秋叶黄色，为著名的观赏树种之一。可作人行步道、公园、广场绿化树种，既可孤植也可群植，或与常绿树和阔叶树混植。

青皮槭

Acer cappadocicum

槭树科　槭树属

形态特征： 落叶乔木，高15～20m，冬芽卵圆形，鳞片覆叠。小枝平滑紫绿色，无毛。叶纸质，14～20cm，长12～18cm，基部心脏形、稀近于截形，常5～7裂，裂片三角卵形，先端，锐尖或狭长锐尖，边缘全缘，上面深绿色、无毛，下面淡绿色，除脉腋被丛毛外其余部分无毛；主脉5条，在上面显著，在下面凸起，侧脉仅在下面微显著；叶柄长10～20cm。花序伞房状，无毛。花杂性，雄花与两性花同株，黄绿色。小坚果压扁状，翅宽1.5～1.8cm，连同小坚果共长4.5～5cm，张开近于水平或成钝角，常略反卷。花期4月，果期8月。

◎**分布：** 产滇西北；西藏南部也有分布。

◎**生境和习性：** 生于海拔2400～3000m的疏林中。

◎**观赏特性及园林用途：** 树形美观，叶片掌状开裂，秋季变黄，是重要的秋色叶树种，可用作行道树、庭荫树和风景林。

五裂槭

Acer oliverianum

槭树科　槭树属

形态特征：落叶小乔木，高 4 ～ 6m；树皮淡绿色或灰绿色，平滑，常被蜡粉；当年生枝紫绿色，多年生枝淡褐绿色。叶纸质，长 4 ～ 8cm，宽 5 ～ 9cm，基部近心形或略平截，5 裂，裂片三角状卵形或长圆状卵形，先端锐尖，边缘具紧密的细齿，裂片间的凹缺锐尖，叶面绿色或带黄色，无毛，背面淡绿色，除脉腋被束毛外无毛；主脉在叶面显著，在背面隆起，侧脉在两面可见；叶柄长 2.5 ～ 5cm，纤细。花杂性，雄花与两性花同株，组成伞房花序；花瓣 5，淡白色。翅果常生于下垂的伞房果序上；小坚果突起，长约 6mm，宽约 4mm，脉纹显著；翅幼时淡紫色，成熟时黄褐色，镰刀形，张开近水平。花期 5 月，果期 9 月。

◎**分布：**产云南屏边、镇雄、彝良、中甸、丽江、维西、兰坪、德钦、禄劝。湖北、湖南，江西、广东、广西、贵州和四川均有分布。

◎**生境和习性：**生于海拔（1800 ～）2200 ～ 3500m 的山坡阳处或溪边密林中。

◎**观赏特性及园林用途：**树形美观，叶片掌状开裂，秋季变黄，是重要的秋色叶树种，果翅幼时淡紫色，颇为美观。可用作行道树、庭荫树和风景林。

川滇三角枫

Acer paxii

槭树科　槭树属

别名： 金河槭，金江槭，金沙槭

形态特征： 常绿乔木，高 5 ～ 10m；树皮褐色或深褐色，粗糙；当年生枝紫色或紫绿色；多年生枝灰绿色或褐色。叶厚革质，轮廓长圆状卵形、倒卵形或圆形，长 7 ～ 11cm，宽 4 ～ 6cm，基部阔楔形，全缘或 3 裂；中裂片三角形，先端渐尖或短渐尖，侧裂片短渐尖，通常向前直伸，裂片边缘全缘，稀浅波状，叶面深绿色，无毛，平滑，有光泽，背面淡绿色，密被白粉；主脉 3 条；叶柄紫绿色。花绿色，杂性，雄花与两性花同株，多数组成伞房花序；萼片 5，黄绿色；花瓣 5，白色；雄蕊 8。翅果幼时黄绿色或绿褐色；小坚果张开成钝角，稀成水平。花期 3 月，果期 8 月。

◎**分布：** 主产云南西北部和中部，南部（广南）亦有；四川西南部亦有分布；贵州（同安）新纪录。

◎**生境和习性：** 生于海拔 1800 ～ 2600m 的林中。

◎**观赏特性及园林用途：** 枝叶浓密，浓荫覆地。宜孤植、丛植作庭荫树，也可作行道树及护岸树。在湖岸、溪边、谷地、草坪配植，或点缀于亭廊、山石间都很合适。

黄连木

Pistacia chinensis

漆树科　黄连木属

别名： 木黄连，黄连芽，楷木

◎**分布：** 产云南全省，长江以南各省及华北、西北（陕西、甘肃）亦有分布。

◎**生境和习性：** 生于海拔 972 ～ 2400m 的山坡林中。

◎**观赏特性及园林用途：** 树冠浑圆，枝叶繁茂而秀丽，早春嫩叶红色，入秋后变成深红或橙黄色，红色的雌花序也极美观。宜作庭荫树、行道树及山林风景树，也常作“四旁”绿化及低山区造林树种。在园林中植于草坪、坡地、山谷或于山石、亭阁之旁配植无不相宜。若要构成大片秋色红叶林，可与槭类、枫香等混植，效果更好。

形态特征： 落叶乔木，高达 20 余米；树皮暗褐色，鳞片状剥落，幼枝灰棕色，具细小皮孔。奇数羽状复叶互生，有小叶 5 ～ 6 对，叶轴具条纹；小叶对生或近对生，纸质，披针形或卵状披针形或线状披针形，长 5 ～ 10cm，宽 1.5 ～ 2cm，先端渐尖或长渐尖，基部偏斜，全缘；小叶柄长 1 ～ 2mm。花单性异株，先花后叶，圆锥花序腋生，雄花序排列紧密，长 6 ～ 7cm，雌花序排列疏松，长 15 ～ 20cm；花小，花柄长约 1mm；雄花：花被片 2 ～ 4，不等长，长 1 ～ 1.5mm，边缘具睫毛；雄蕊 3 ～ 5；雌花：花被片 7 ～ 9，2 轮排列，长短不等，长 0.7 ～ 1.5mm，宽 0.5 ～ 0.7mm，外轮 2 ～ 4 片，边缘具睫毛，内轮 5 片，外面无毛，边缘具睫毛；无退化雄蕊。核果倒卵状球形，略压扁，直径约 5mm，成熟时紫红色，后变为紫蓝色。花期 3 ～ 4 月，果 9 ～ 11 月成熟。

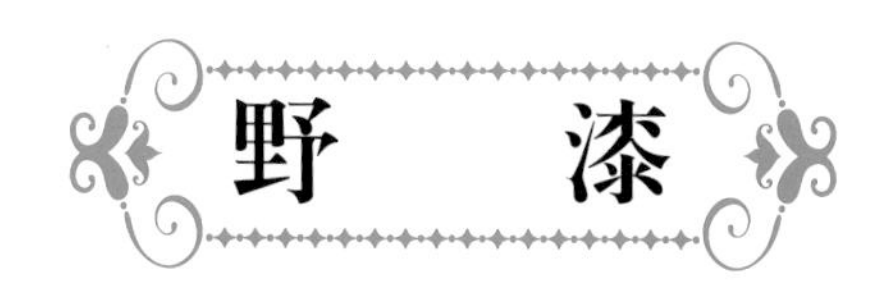

Toxicodendron succedaneum

漆树科 漆属

别名： 大木漆，山漆树，漆木

形态特征： 落叶乔木或小乔木，高达 10m；小枝粗壮无毛；奇数羽状复叶互生，常聚生枝顶，无毛，长 25～35cm，有小叶 4～7 对，叶轴和叶柄圆柱形，叶柄长 6～9cm；小叶对生或近对生，坚纸质或近革质，长圆状椭圆形、阔披针形或卵状披针形，长 5～16cm，宽 2～5.5cm，先端渐尖或长渐尖，基部稍偏斜，圆形或阔楔形，全缘，两面无毛，背面粉绿色，常被白粉，侧脉 15～22 对；小叶柄短，长 2～5mm。圆锥花序腋生；花黄绿色，直径约 2mm；花瓣长圆形；雄蕊伸出。核果大，偏斜，压扁。

◎**分布：** 产云南全省，以滇东南和滇南较多；华北至江南各省均产。

◎**生境和习性：** 生于海拔 700～2200m 的林内。

◎**观赏特性及园林用途：** 入秋后叶片变成深红或橙黄色。宜作山林风景树。

盐肤木

Rhus chinensis

漆树科　盐肤木属

别名：五倍子树，五倍柴，五倍子

形态特征：落叶小乔木或灌木，高 2 ~ 10m；小枝具圆形小皮孔。奇数羽状复叶互生，有小叶 3 ~ 6 对，叶轴具宽和狭的叶状翅，上部小叶较大，叶轴和叶柄密被锈色柔毛；小叶卵形、卵状椭圆形或长圆形，长 6 ~ 12cm，宽 3 ~ 7cm，先端急尖，基部圆形，顶生小叶基部楔形，边缘具圆齿或粗锯齿，叶面暗绿色，无毛或中脉上被疏柔毛，叶背粉绿色，略被白粉，被锈色短柔毛；小叶无柄。圆锥花序顶生，宽大，多分枝，雄花序长 30 ~ 40cm，雌花序长 15 ~ 20cm，密被锈色柔毛；花白色；雌花：花萼 5 裂；花瓣 5，椭圆状卵形；花柱 3，稀 4，柱头头状；雄花：花萼裂片长卵形；花瓣倒卵状长圆形，开花时外卷；雄蕊伸出花冠之外，花柱 3。核果球形，微压扁，径约 4 ~ 5mm，成熟时红色。花期 7 ~ 9 月，果期 10 ~ 11 月。

◎**分布：**产云南全省；我国除东北（吉林、黑龙江）、内蒙古和西北（青海、宁夏和新疆）外，其他各省区均有。分布印度、中南半岛、印度尼西亚、朝鲜和日本。

◎**生境和习性：**生于海拔 170 ~ 2700m 的向阳山坡、沟谷、溪边的疏林、灌丛和荒地上。喜温暖湿润气候，也能耐一定寒冷和干旱。对土壤要求不严，酸性、中性或石灰岩的碱性土壤上都能生长，耐瘠薄，不耐水湿。

◎**观赏特性及园林用途：**果实熟时紫红色，入秋后叶片变成橙红或橙黄色，宜作山林风景树。

臭椿

Ailanthus altissima

苦木科 臭椿属

别名： 樗，臭椿皮，大果臭椿

形态特征： 落叶乔木，高 10 ～ 30m，树皮具浅纵裂，灰色或淡褐色。奇数羽状复叶，叶轴长 30 ～ 90cm，小叶 6 ～ 12 对，卵状披针形，长 7 ～ 13cm，宽 3 ～ 4cm，先端短尖或渐尖，基部常截头状而不等边，全缘，近基部两侧有粗齿 1 ～ 2 对，每粗齿背面有 1 腺体，两面近于无毛，或背面沿脉腋被微柔毛，小叶柄长 5 ～ 10mm。花小，杂性，白色带绿，排成多分枝的圆锥花序；花瓣长约 2.5cm，内外两面均被柔毛，雄花有雄蕊 10 枚，长于花瓣，花丝线形，基部被粗毛；雌花中雄蕊短于花瓣，子房具 5 心皮，花柱扭曲，粘合，柱头 5 裂。翅果长圆状椭圆形，长 3 ～ 4.5cm，宽 9 ～ 12mm，微带红褐色，上翅扭曲；种子 1 枚，位于翅果的近中部。花期 6 月；果期 7 ～ 10 月。

◎**分布：** 产云南省东南部（富宁、西畴、文山）。我国除黑龙江省东北部、西北及海南岛外，各省均有分布。

◎**生境和习性：** 生于海拔 1500m 以下的石灰岩上。喜光，不耐阴。对土壤适应性强，在中性、酸性及钙质土都能生长，适生于深厚、肥沃、湿润的砂质土壤。耐寒，耐旱，不耐水湿。

◎**观赏特性及园林用途：** 树干通直高大，树冠圆整如半球状，颇为壮观。叶大荫浓，秋季红果满树，是一种很好的城市行道树。也可孤植、丛植或与其他树种混栽，适宜于工厂、矿区等绿化。是石灰岩地区优良造林树种。

红　椿

Toona ciliata

楝科　香椿属

别名：红楝子，赤昨工

形态特征：落叶或近常绿乔木，高可达30m。小枝幼时被细柔毛。叶长30～40cm，叶柄长6～10cm；小叶6～12对，长11～12cm，宽3.5～4cm，对生或近对生，披针形，卵状或长圆状披针形，急渐尖，全缘，基部上侧稍长，两边渐狭或上侧圆形，表面无毛，背面仅脉腋具束毛；侧脉约18对。圆锥花序，花白色，有蜜香，萼片卵圆形；花瓣卵状长圆形或长圆形，长3.5～4.5mm，宽2～2.5mm，先端近急尖，基部钝。蒴果椭圆状长圆形；种子两端具翅。花期4～5月，果7月成熟。

◎**分布：**产云南西南部（德宏）、南部（西双版纳）和东南部（红河、文山）；广西、广东也有分布。

◎**生境和习性：**生于海拔560～1550m的沟谷林内或河旁村边；

◎**观赏特性及园林用途：**树干通直，材质优良，冠大荫浓，是优良用材及四旁绿化树种，也可植为庭荫树及行道树。

楝

Melia azedarach

楝科　楝属

别名： 苦楝，野苦楝，翠树

形态特征： 落叶乔木，高达 25m；树皮灰褐色，纵裂，皮孔显著；枝条叶痕明显。2～3 回羽状复对，长 20～30cm；小叶多数，对生，膜质至纸质，卵形、椭圆形至披针形，两面无毛，先端渐尖，基部多少偏斜，边缘有锯齿、浅钝齿或具缺刻，稀全缘，侧脉 12～16 对；侧生小叶较小，长 3～4.5（～7）cm，宽 0.5～1.5（～3）cm，柄长 0.1～0.5（～1）cm；顶生小叶长 3.5～6（～9）cm，柄长 0～1cm。圆锥花序长 15～25；花淡紫白、白色、有香味；萼片卵形或长椭圆状卵形；花瓣倒卵状匙形，长约 0.8～1cm；核果黄绿色，球形至椭圆形，长 1～3cm，宽 1.5cm。花期 4～5 月，果 11～12 月成熟。

◎**分布：** 产云南省；河北省南部、陕西南部、甘肃东南部及以南各省常见。

◎**生境和习性：** 海拔 130～1900m 的林内、林缘、路边、村旁。喜光，喜温暖湿润气候，耐寒性不强。对土壤适应性强，在酸性、钙质及轻盐碱土上均能生长；生长快，寿命较短。

◎**观赏特性及园林用途：** 树体通直，冠大荫浓，入秋叶色金黄，是优良的园林彩叶绿化材料，合适于城市及工矿区作庭荫树和行道树。

柚

Citrus maxima

芸香科　柑橘属

别名：大泡，橙子

形态特征：常绿乔木，高 4 ～ 8m；小枝绿色，具扁棱纹，有长而坚硬的刺，稀无刺。叶阔卵圆形至阔卵形，长 9 ～ 20cm，宽 5 ～ 12cm，顶端圆形或钝而微凹，基部阔楔形至圆形，叶缘具明显的圆齿，背面至少沿中脉两侧被疏微柔毛，翼叶倒圆锥形至狭三角状倒圆锥形，宽 2 ～ 4cm，顶端截平而微凹；叶柄甚短或几无柄。花两性，通常数花或多花排成总状花序；花萼浅杯状，萼齿 5；花瓣白色，近匙形，长 2 ～ 2.5cm，宽可达 1cm；雄蕊 20 ～ 25 枚或更多，比花瓣短，柱头头状。果形各型，圆球形、圆头形、梨形，淡黄色或杏黄色，果皮甚厚，海绵质，表皮具有丰富的油腺。花期春季，果期秋冬季至春节。

◎**分布：**产云南思茅、普洱、西双版纳、河口、富宁、绿春、元阳、红河、金平、瑞丽、盈江、梁河；四川、贵州、湖北、湖南、广西、海南、广东、福建、台湾、浙江均有大量栽种。

◎**生境和习性：**生村寨及山林河边，多为栽培或半野生。

◎**观赏特性及园林用途：**果形硕大，叶光亮常绿，可植于庭院观赏或盆栽观赏。

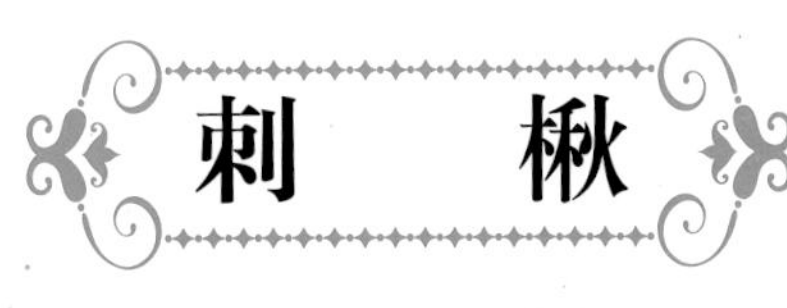

刺　楸

Kalopanax septemlobus

五加科　刺楸属

别名： 刺枫树，刺桐，辣枫树

形态特征： 落叶乔木，高 20 ～ 30m；树干通直，小枝粗壮，枝干均有宽大皮刺。单叶互生，掌状 5 ～ 7 裂，直径 9 ～ 25cm，基部心形，裂片先端渐尖，缘有细齿，叶柄长。伞形花序聚生成顶生圆锥状复花序。

◎**分布：** 产云南中部（安宁）、东南部（蒙自）、西北部（丽江、中甸、维西、贡山等）；亦分布于我国东北、华北、陕西至江南各省及西藏东南部。

◎**生境和习性：** 生于海拔 1800 ～ 2400m 的山坡、沟谷、杂林中。喜光，适应性强。

◎**观赏特性及园林用途：** 可观叶，叶形多变化，有时浅裂，裂片阔三角状卵形，有时分裂较深，裂片长圆状卵形。是良好的造林用材及绿化树种。

幌伞枫

Heteropanax fragrans

五加科　晃伞枫属

别名：大富贵

形态特征：乔木，高 8 ～ 20m。叶为多回羽状复叶，宽达 0.5 ～ 1m；小叶纸质，对生，椭圆形，长 6 ～ 12cm，宽 3 ～ 6cm，先端短渐尖，基部楔形，全缘，两面均平滑无毛，侧脉 6 ～ 10 对，微隆起；叶柄长 15 ～ 30cm，小叶柄长 1cm，平滑无毛。圆锥花序顶生，伞形花序在分枝上排列成总状花序；伞形花序具多花，几为密头状，直径 1 ～ 1.2cm，有 1 ～ 2cm 长的柄，花梗长 2mm，果时延长；花萼被绒毛，花瓣 5；雄蕊 5。果微侧扁，直径约 7mm，厚 3 ～ 5mm，无毛或有粉霜，种子 2。花期 3 ～ 4 月。果期冬季。

◎**分布：**产云南南部（景洪、勐腊、景东）、东南部（西畴、麻栗坡）及耿马等地；亦分布于广东、广西。

◎**生境和习性：**生于海拔 800 ～ 1400m 的杂木林、灌丛、山坡沟谷边。喜高温多湿，忌干燥，抗寒力较低。喜肥沃湿润的森林土。

◎**观赏特性及园林用途：**树形端正，树冠圆整如张伞，羽叶巨大，颇为美丽，可在庭院中孤植。盆栽可作为室内的观赏树种，多用在庄重肃穆的场合，热带城市常栽作庭荫树及行道树。

通脱木

Tetrapanax papyrifer

五加科　通脱木属

别名：木通树，天麻子，万丈深

形态特征：灌木或小乔木，无刺，高 1 ~ 4m；茎髓大，白色，纸质。叶大，集生茎顶，直径 50 ~ 70cm，基部心形，掌状 5 ~ 11 裂，裂片浅或深达中部，每一裂片常又有 2 ~ 3 个小裂片，全缘或有粗齿，上面无毛，下面有白色星状绒毛；叶柄粗壮，长 30 ~ 50cm；托叶膜质，锥形，基部合生，有星状厚绒毛。伞形花序聚生成顶生或近顶生大型复圆锥花序，长达 50cm 以上；苞片披针形，密生星状绒毛；花白色；萼密生星状绒毛，全缘或几全缘；花瓣 4，稀 5；雄蕊 4，稀 5。果球形，熟时紫黑色，直径约 4mm。

◎**分布**：产云南东南部（西畴、屏边），昆明、昭通等地；亦分布于四川、贵州、广西、广东、江西、湖南、湖北及台湾等省区。

◎**生境和习性**：生于海拔 1300m 潮湿密林中。

◎**观赏特性及园林用途**：树形挺拔，叶形硕大奇特，具较高观赏价值。宜作行道树和庭荫树。

糖胶树

Alstonia scholaris

夹竹桃科　鸡骨常山属

别名： 灯台树，阿根木，鸭脚树

形态特征： 乔木，通常高约10m；枝轮生，有乳汁。叶3～8片轮生，倒卵状长圆形、倒披针形或匙形，少数有椭圆形或长圆形，长7～28cm，宽2～11cm，顶端圆形、钝或微凹，少数有急尖或渐尖，基部楔形，无毛；侧脉每边25～50条，密生而平行，近水平横出至叶缘联结。花白色，多朵组成稠密的聚伞花序，花序顶生，被柔毛；萼片小，卵圆形，两面被短柔毛；花冠高脚碟状，冠筒长6～10mm，中部以上膨大，内面被柔毛，冠片长圆形或卵状长圆形，长2～4mm，宽2～3mm；雄蕊着生冠筒的膨大处；柱头顶端2裂。果线形，长20～57cm，直径2～5mm。花期6～11月，果期10月至翌年4月。

◎**分布：** 产云南西双版纳、河口、砚山、富宁、西畴、蒙自、麻栗坡等地；台湾、广东、广西等地有栽培。

◎**生境和习性：** 生于海拔650m以下的丘陵山地疏林中或水沟边。喜光，喜高温多湿气候，喜生长在土壤肥沃潮湿的环境。

◎**观赏特性及园林用途：** 树形端正美观，有层次感，掌状复叶也很有美感，常作行道树或公园栽培观赏。

桂　花

Osmanthus fragrans

木犀科　木犀属

别名：木樨，岩桂

形态特征：常绿灌木或小乔木，高可达10m；小枝圆柱形，灰褐色。叶片革质，椭圆形或椭圆状披针形，长4～10cm，宽2～4cm，先端渐尖或急尖，基部楔形，叶面深绿色，光亮，无毛，有细而密的泡状隆起，背面色淡，无毛。全缘或上半部疏生细锯齿；侧脉6～10对，与中脉叶面凹陷，背面凸起。花极芳香，白色或黄白色，簇生叶腋，花梗纤细无毛；花萼盘状，裂片4，边缘啮蚀状；花冠蜡质，裂片4，椭圆形，长2～3mm，先端圆钝；雄蕊2，着生花冠管近顶部。果椭圆形，长1～1.5cm，直径8～10mm。花期8～9月，果期9～11月。

◎**分布：**云南省温暖地区多有栽培，原产我国西南部，南方各地均有栽培。印度、巴基斯坦、尼泊尔、缅甸、老挝、日本也有分布。

◎**生境和习性：**适应于亚热带气候地区。性喜温暖，湿润。

◎**观赏特性及园林用途：**终年常绿，枝繁叶茂，秋季开花，芳香四溢。在园林中应用普遍，常作园景树，有孤植、对植，也有成丛成林栽种。在住宅四旁或窗前栽植桂花树，能收到“金风送香”的效果。

女　贞

Ligustrum lucidum

木犀科　女贞属

别名：白蜡树

形态特征：常绿乔木，高 4 ～ 8m，最高可达 15m；小枝圆柱形，皮孔明显。叶片革质而脆，卵形，宽卵形、椭圆形或卵状披针形，长 6 ～ 15cm，宽 3 ～ 7cm，先端急尖或狭，基部圆形或近圆形或宽楔形，叶面深绿色，光亮，背面绿白色，两面无毛，中脉叶面凹陷，背面突出，侧脉 6 ～ 8 对，两面均微凸出。圆锥花序顶生，长 10 ～ 20cm；花萼钟状；花冠白色，管与萼近等长或稍长，裂片 4，椭圆形，长度与管近相等，外反；花丝与花冠裂片等长，花药椭圆形。核果长圆形，长 6 ～ 8mm，直径 3 ～ 4mm，微弯曲，成熟时蓝黑色。花期 6 ～ 8 月，果期 9 ～ 11 月。

◎**分布：**云南除西双版纳及德宏州外，大部分地区都有分布或栽培；长江流域及以南各省区和甘肃南部均有分布。

◎**生境和习性：**生于混交林或林缘，海拔 130 ～ 3000m；耐寒性好，耐水湿，喜温暖湿润气候，喜光耐阴。对土壤要求不严。

◎**观赏特性及园林用途：**枝叶茂密，树形整齐。可于庭院孤植或丛植，可作行道树和绿篱等。并可作丁香、桂花的砧木。

白蜡树

Fraxinus chinensis

木犀科　梣属

别名：鸡糠树，见水蓝，水白蜡

形态特征： 落叶乔木，高 5 ～ 8m。复叶长 12 ～ 28cm，叶轴节上疏被微柔毛；小叶 5 ～ 9 枚，以 7 枚为多见，革质，椭圆形或椭圆状卵形，长 3 ～ 10cm，宽 1.2 ～ 4.5cm，先端渐尖，基部楔形，边缘有锯齿或波状浅齿，叶面黄绿色，无毛，背面白绿色，沿中脉及侧脉被短柔毛，有时仅在中脉的中部以下被毛；中脉叶面凹陷，背面凸出，侧脉 7 ～ 12 对，叶面平坦或微凹陷，背面凸出，网脉两面明显凸出；侧生小叶近无柄或具短柄，柄长不超过 3mm。圆锥花序顶生和侧生，疏散，长 7 ～ 12cm，无毛；花萼管状钟形，无毛，长 1.5mm，不规则裂开，裂片极短，无花冠。翅果倒披针形，长 3 ～ 4cm，宽 4 ～ 6mm，顶端圆或微凹。花期 5 ～ 6 月，果期 7 ～ 10 月。

◎**分布：** 产云南昆明、江川、西畴、广南、永善、镇雄等地；分布于东北、黄河及长江流域、福建、广东、广西。

◎**生境和习性：** 生于山坡杂木林或石灰岩山地林缘，海拔 1200 ～ 2000m。耐瘠薄干旱，在轻度盐碱地也能生长。耐水湿，抗烟尘。

◎**观赏特性及园林用途：** 形体端正，树干通直，枝叶繁茂而鲜绿，秋叶橙黄。可用于湖岸绿化和工矿区绿化，是优良的行道树和遮荫树。

流苏树

Chionanthus retusus

木犀科　流苏树属

别名： 炭栗树，萝卜丝花，碎米花

形态特征： 落叶灌木或乔木，高可达 20m；小枝近圆柱形，幼时有沟槽。叶片对生，革质，椭圆形，卵形或倒卵形，长 3 ～ 9cm，宽 2 ～ 4.5cm，先端锐尖、或钝或微凹，基部楔形至宽楔形或近圆形，全缘，少数有小锯齿，叶面深绿色，沿中脉被短柔毛，背面灰绿色，沿中脉密被黄色柔毛，其余疏被黄色柔毛或近无毛；中脉叶面凹陷，背面突出，侧脉 4 ～ 6 对；叶柄密被黄色柔毛。聚伞状圆锥花序，疏散，顶生；花单性，雌雄异株；花萼杯状，4 深裂；花冠白色，4 深裂，裂片条状披针形，长 10 ～ 20mm，花冠管长 2 ～ 3mm；雄蕊 2，藏于花冠管内或稍伸出。果椭圆形，长 10 ～ 15mm，直径 8 ～ 10mm，成熟时黑色。花期 4 ～ 5 月，果期 6 ～ 7 月。

◎**分布：** 产云南昆明、禄劝、大姚、丽江、维西、中甸、德钦、砚山、麻栗坡、蒙自；分布于甘肃、陕西、山西、河北、广东、福建。朝鲜、日本也有分布。

◎**生境和习性：** 生于海拔 1000 ～ 2800m 的山坡或河边。

◎**观赏特性及园林用途：** 初夏开花，满树雪白，清新可爱。宜植于公园草坪、广场或庭院绿地，适合孤赏。

泡　桐

Clerodendrum mandarinorum

玄参科　泡桐属

别名：紫花树，冈桐，白花泡桐

形态特征：落叶乔木，高 27m，树冠宽卵形或圆形，树皮灰褐色。小枝粗壮，初有毛，后渐脱落。叶卵形，长 10 ～ 25cm，宽 6 ～ 15cm，先端渐尖，全缘，稀浅裂，基部心形，表面无毛，背面有绒毛。顶生圆锥花序；花蕾倒卵状椭圆形；花萼倒圆锥状钟形，浅裂约为萼的 1/4 ～ 1/3，毛脱落；花冠漏斗状，乳白色至微带紫色，内具紫色斑点及白色条纹。蒴果椭圆形，长 6 ～ 11cm。花期 3 ～ 4 月；果期 9 ～ 10 月。

◎分布：产滇东南（元江、屏边、河口、蒙自、砚山、文山、广南、富宁）；分布于河南、山东至江南各省及台湾。

◎生境和习性：生长于海拔 100 ～ 1600（～ 2200）m 的疏林中。喜温暖气候，耐寒性稍差，尤其幼苗期很易受冻害；喜光稍耐阴；对黏重瘠薄的土壤适应性较其他树种强。

◎观赏特性及园林用途：树干端直，树冠宽大，叶大荫浓，花大而美。宜作行道树、庭荫树；也是重要的速生用材树种、“四旁”绿化结合生产的优良树种。

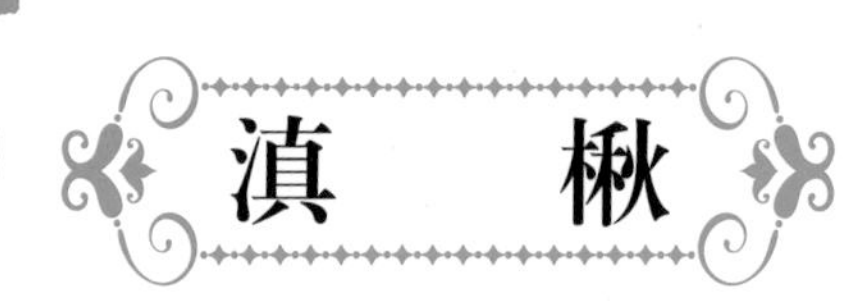

滇楸

Catalpa fargesii f. *duclouxii*

紫葳科　梓属

别名： 滇楸，紫楸，楸木

形态特征： 乔木，高达25m；幼枝、花序、叶柄等有分枝毛。叶厚纸质，卵形，长13～20cm，宽10～13cm，顶端渐尖，基部圆形至微心形；侧脉4～5对，基部3出脉；全缘，无毛。顶生伞房花序，无毛；7～15花，长3～4cm，花冠淡红色至淡紫色；萼齿2，卵圆形；花柱线形细长，长约2.5cm，柱头2裂；小花柄长2～3cm。蒴果圆柱形，细长，下垂，长达80cm，果皮革质，2裂；种子线形细长，两端具丝状种毛，连毛长约5～6cm。花期3～5月，果期6～11月。

◎**分布：** 产云南昆明、大理、易门、威信；甘肃、四川、湖北、陕西、河南、山西、山东、广东、广西、贵州亦有分布。

◎**生境和习性：** 多生长于海拔1450～2500m的村庄附近。

◎**观赏特性及园林用途：** 树干端直，树冠开张，叶大荫浓，花大而美，春天紫花满树，夏日浓荫如盖，宜作行道树、庭荫树；也是“四旁”绿化结合生产的优良树种。

董　棕

Caryota urens

棕榈科　鱼尾葵属

别名：酒假桄榔，果榜

形态特征：乔木状，高 5～25m，茎干直径 25～30cm，茎黑褐色，具明显的环状叶痕。叶长 3.5～5m；羽片宽楔形或狭的斜楔形，长 15～29cm，宽 5～20cm，最下部的羽片紧贴于分枝叶轴的基部，边缘具规则的齿缺，基部以上的羽片渐成狭楔形，外缘笔直，内缘斜伸或弧曲成不规则的齿缺，且延伸成尾状渐尖，最顶端的羽片为宽楔形，先端 2～3 裂；叶柄长 1.3～2m，被脱落性的棕黑色的毡状绒毛；叶鞘边缘具网状的棕黑色纤维。佛焰苞长 30～45cm；花序长 1.5～2.5m，具多数、密集的穗状分枝花序；雄花花萼与花瓣被脱落性的黑褐色毡状绒毛，萼片近圆形，雄蕊（30～）80～100；雌花与雄花相似，但花萼稍宽，花瓣较短，退化雄蕊 3。果实球形至扁球形，直径 1.5～2.4cm，成熟时红色。花期 6～10 月，果期 5～10 月。

◎**分布：**产云南贡山、西畴、麻栗坡等地；广西西南部（龙州）有分布。

◎**生境和习性：**生于海拔 370～1500（～2450）m 的石灰岩山地区或沟谷林中。性喜阳光充足、高温、湿润的环境，较耐寒，生长适温 20～28℃。

◎**观赏特性及园林用途：**植株十分高大，树形美观，膨大的茎干似一巨大的花瓶，造型优美，叶片向四周开展，排列十分整齐，适合于公园、绿地中孤植使用，显得伟岸霸气，有气度非凡、胸怀坦荡的意境。特别适合机场、酒店等大型室内场所的装饰，亦可列植、群植。

棕榈

Trachycarpus fortunei

棕榈科　棕榈属

别名： 栟榈，棕树

形态特征： 乔木状，高 3 ～ 10m，树干圆柱形，被不易脱落的老叶柄基部和密集的网状纤维，不能自行脱落，裸露树干直径 10 ～ 15cm 甚至更粗。叶片呈 3/4 圆形或者近圆形，深裂成 30 ～ 50 片具皱折的线状剑形，长 60 ～ 70cm，裂片先端具短 2 裂或 2 齿。花序粗壮，多次分枝，从叶腋抽出，通常是雌雄异株。雄花序长约 40cm，具有 2 ～ 3 个分枝花序；雄花无梗，每 2 ～ 3 朵密集着生于小穗轴上；雌花序长 80 ～ 90cm，花序梗长约 40cm，其上有 3 个佛焰苞包着，具 4 ～ 5 个圆锥状的分枝花序；淡绿色。果实阔肾形，有脐，成熟时由黄色变为淡蓝色，有白粉。花期 4 月，果期 12 月。

◎**分布：** 产云南西北部、西部、中部至东南部。通常栽培于四旁，也有成片栽培的；稀野生于疏林中。多分布于长江以南各省区，最北至湖北南漳。

◎**生境和习性：** 生于海拔 2000m 以下地区。喜温暖湿润气候，耐寒性极强；喜光，稍耐阴。适生于排水良好、湿润肥沃的中性、石灰性或微酸性土壤，耐轻盐碱，也耐一定的干旱与水湿。抗大气污染能力强。易风倒，生长慢。

◎**观赏特性及园林用途：** 四季常绿，树势挺拔，以其特有的形态特征构成了热带植物特有的景观。可作行道树或散植于草地。

参考文献

[1] 陈有民．园林树木学（第 2 版）[M]. 北京：中国林业出版社，2011.

[2] 陈有民．中国园林绿化树种区域规划 [M]. 北京：中国建筑工业出版社，2006.

[3] 陈丽，董洪进，彭华．云南省高等植物多样性与分布状况 [J]. 生物多样性，2013，21(3):359-363.

[4] 冯国楣．丰富多采的云南花卉资源 [J]. 园艺学报，1981，8（01）: 59-64.

[5] 傅立国．中国高等植物 [M]. 青岛：青岛出版社，2000.

[6] 高正清．云南乡土植物资源的保护与利用 [J]. 西南农业学报，2006，1 9（增刊）：239-244.

[7] 关文灵．园林植物造景 [M]. 北京：中国水利水电出版社，2013.

[8] 关文灵，李叶芳．风景园林树木学 [M]. 北京：化学工业出版社，2014.

[9] 观赏树木学 [M]. 北京：中国农业出版社，2009.

[10] 姜汉侨．云南植被分布的特点及其地带规律性 [J]. 云南植物研究，1980（01）.

[11] 李锡文．云南植物区系 [J]. 云南植物研究，1985，7（4）：361-382.

[12] 刘云彩，施莹，张学星．云南城市绿化树种 [M]. 昆明：云南民族出版社，2008.

[13] 祁承经，汤庚国．树木学（南方本）[M]. 中国林业出版社，2005.

[14] 吴征镒，朱彦丞主编．云南植被 [M]. 北京：科学出版社，1987.

[15] 云南省植物研究所，中国科学院昆明植物研究所 [M]. 云南植物志（各卷册）. 北京 : 科学出版社，1977-2006.

[16] 张启翔主编．中国观赏植物种质资源 (宁夏卷) [M]. 北京：中国林业出版社，2011.

[17] 中国科学院植物志编委会．中国植物志（各卷册）[M]．北京：科学出版社，1979-1990.

[18] 中国植物物种信息数据库 http://db.kib.ac.cn/eflora/Default.aspx.

植物拉丁学名索引

植物中文名索引

（按拼音顺序排列）